国家自然科学基金青年项目（71901047）
"考虑区域特征的城市级联灾害风险评估及防控策略研究"

教育部人文社会科学基金青年项目（19YJC630130）
"关联视角下的城市级联灾害情景建模与风险控制策略研究"

大连理工大学人文与社会科学学部学术著作出版资助项目

郗子君 著

区域级联灾害风险分析与防范

REGIONAL CASCADING DISASTER
RISK ANALYSIS AND PREVENTION

人民出版社

序

    2020 年暴发的新冠肺炎疫情，让人回想到 2003 年的"非典"。当时为了针对"非典"疫情构建高效的应急决策与响应体系，受辽宁省科技厅委托，系统工程研究所与辽宁省疾控中心合作承担了"辽宁省突发公共卫生事件监控快速反应指挥调度系统"开发项目。本人作为此项目中应急预案管理子系统的负责人，也由此开启了突发事件应急管理领域的科学研究和人才培养。

    10 多年来，课题组先后承担了 6 项突发事件应急管理相关的国家自然科学基金项目，其中，包括了国家自然科学基金委 2009 年启动的重大研究计划"非常规突发事件应急管理研究"中的一项培育课题"适应灾害时空后果的预案体系有效性及其评估研究"。2011 年秋季学期，郄子君获得学校的直博资格进入实验室之时，正值该培育项目的执行期。作为一名准研究生，她主动要求参与到课题当中，进行相关基础理论积累的同时参与了大量基础数据资料的收集统计工作，由此正式开始接触应急管理领域的相关研究。读研期间，郄子君与我的合作研究成果在 *Safety Science*、*Natural Hazards* 等国内外权威期刊上陆续发表，也作为团队主力先后参与到国家自然科学基金项目"面向灾害损失快速评估的非常规突发事件区域模型构建研究""区域系统性灾害风险评估理论与方法研究"等项目的申请和执行中，由一名青涩的研究生逐渐成长为一名具备独立科

1

研能力的青年学者。

完成博士学业之后，郄子君进入了大连理工大学公共管理系，任职教学科研岗位。期间她一直与我保持着密切的联系，交流教学、科研和生活中的体会和感悟，我也见证着她一点点完成了从学生到教师的身份转变。工作一年之内，她先后获得了教育部社科基金青年项目和国家自然科学基金青年项目资助，作为导师，真心为她的迅速成长感到高兴和欣慰。2019 年末，当她告诉我有将读研期间和工作之后的成果整理出版的想法时，我十分支持。著作的撰写和期刊论文还不一样，需要将研究工作进行系统性的组织和整理，是一个沉下心来思考和磨炼的过程，会帮助她更好把握之后的研究方向。

近年来，级联灾害相关研究越来越得到重视，国外相关学者、组织机构为此作出诸多探索，比较有影响力的包括 David Alexander、Fred May 等人的成果，以及欧盟 FP7 项目资助的有关此方面的系列研究。国内关于级联灾害的直接研究虽然还不多，但在与之相关的灾害链、灾害连锁反应、综合灾害等研究，已取得了显著的成果。近年来，关于级联灾害的研究需求在国家的减灾、应急等规划文件中开始频繁出现。

《区域级联灾害风险分析与防范》是郄子君在其博士论文的基础上拓展和延伸的成果，以"情景—应对"型应急决策需求为导向，研究城市区域的级联灾害风险评估的理论与方法。该研究以适应城市区域特征为出发点，以区域灾害系统抽象建模为基础，进行级联灾害情景的构建和推演，给出一种具有城市区域适应性的级联灾害风险分析方法。将多灾种宏观致灾机理与反映城市区域灾害环境的微观特征相结合，研究针对城市区域的级联灾害情景建模方法，是该研究的一个显著特色；按照灾害事件发生发展的生命周期，将级联灾害情景划分为初始情景、演化情景和最终情景，通过分析级联灾害情景演化关键影响因素及其相互作用过程，建立反映级联灾害情景演化的动力学模型，是该研究在经典灾害蔓延动力学应用上的一种延伸;最后通过仿真模拟的方式,探讨各因素综合作用下城市级联灾害情景演化路径的多样性及其建议措施,是该研究在实际应用中落地的尝试路径。该书中提出的分析思路和方法可以为特定城市地区级联灾害风险应对与决策提供有力支持。

近年来,突发事件应急管理备受国内外相关组织、机构和学术团体的重视,涉及多学科的领域知识和实践经验,亟须更多的青年学者深耕于应急管理领域的科学研究,为中国突发事件应急管理能力的提升作出贡献。希望郄子君能够在今后的学术道路上不忘初心,保持探索精神,不断提升自己的科研水平,也期待她更多成果的产生。

是为序。

荣莉莉

2021 年 8 月

目　　录

前　言

　　近年来，各类重大突发灾害事件频发，呈现出明显的次生、衍生特征，往往导致灾害链的形成，使灾害情景日益复杂，具有发生概率极低难以预测、灾害后果严重、影响范围广、采用常规手段难以有效应对等特点。对于如何应对具备诸如上述特征的新型危机——级联灾害，建立与之相适应的新的防灾理念与准则，是新时代下应急管理与公共安全领域亟待解决的关键问题。近年来，级联灾害相关研究在世界范围内都越来越得到重视，如欧盟 FP7 项目资助一系列级联灾害研究课题，中国防灾减灾和应急管理相关规划中也多次强调关注多灾种耦合致灾机理和综合风险评估相关能力建设。学者和各国应急管理实践家们普遍意识到，传统的针对常规或单一突发事件类型的"预测—应对"风险管理范式，在处置多灾种耦合发生的级联灾害时遭遇了挑战，驱使对于复杂灾害的应急决策范式逐渐从传统的"预测—应对"型向"情景—应对"型转化。级联情景构建及情景演化趋势的推理，是在对复杂灾害事件形成机制及其演化机理认识的基础上，对不确定的未来灾难开展应急准备的一种战略性风险管理方法，强调的是"Prepare for the Worst-case"，这一思维也与习近平总书记所提出的坚持底线思维，着力防范和化解重大灾害风险的期望相一致。因此，本研究将灾害情景的构建于推演，作为识别级联灾害风险、实现"情景—应对"型应急决策态势研判的依据。

本书的研究从应急管理实际需求出发,着眼威胁城市公共安全的严峻局面,以问题为导向,深入理解和认识城市级联灾害风险的形成条件,解析级联灾害后果形成机理与演化过程,构建能够适应受灾区域环境特征的灾害情景,揭示突发事件多灾种耦合致灾机理和动力学演化过程,并丰富和完善城市级联灾害风险的评估模型和方法,以期为城市级联灾害风险防范和应对提供决策支持。

本书的核心内容及主要创新性体现在以下三个方面:

第一,针对级联灾害情景所体现出的复杂多样性,本研究从灾害损失风险控制及"情景—应对"的视角,划分承灾体状态,并归纳承灾体状态的演化模式,提出了利用承灾体状态及其状态之间的转化来描述灾害情景的方法,为实现级联灾害情景建模奠定理论基础。

事件自身的灾害后果的演化以及灾害后果在原生和次生事件之间演化,共同导致了灾害损失风险的形成。一般而言,很难区分二者之间的界线,但由于事件自身灾害后果的演化和灾害后果在事件之间的演化,都是通过承灾体状态的变化体现的,而且灾害损失统计的也是承灾体各种各样的受损状态,所以可以通过承灾体状态的演化将其合二为一。因此,本研究从突发事件灾害后果的共性出发,以风险控制为目标,以"情景—应对"为导向,定义承灾体的状态,将其统一划分为三类:正常、受损(可恢复)、损毁(不可恢复),并分析承灾体状态的演化模式,以承灾体及其状态为核心,定义复杂灾害风险情景,通过分析承灾体状态之间的转化机制,研究复杂的级联灾害情景演化。在该研究思路之上,通过承灾体受损及损毁状态的数量和程度就可以反映风险程度,不同状态之间的相互转化就可以反映灾害风险的演化过程。

第二,综合承灾体空间分布特点和灾害演化特征,本书提出了一种描述承灾体及其灾害后果影响范围的"卵—黄"模型,利用该模型能够实现反映灾害后果传播路径的承灾体之间的影响拓扑关联分析,构建区域承灾体的影响拓扑关联模型,突破了受灾区域抽象建模的难点。

本研究基于土地利用类型,打破行政单元的局限,提出一种具有适应性的多层次区域表示方法,并通过土地利用类型对承灾体进行空间定位,研究了关键承灾体的空间分布特征;基于承灾体的灾害演化属性,借鉴模糊空间理论,提出了承灾体"卵—黄"模型的空间表示方法,定义了刻画承灾体之间关联关系的影响拓扑关联;在此基础上,以承灾体及其影响拓扑关联核心,综合考虑事件及区域特征,研究了将目标区域抽象为承灾体影响拓扑关联网络的方法。

本研究提出的以承灾体及其影响拓扑关联为核心的网络形式区域模型,不仅可作为级联灾害情景演化推理的基础,而且通过对比不同区域抽象而成的网络结构的特点,可以比较区域间的灾害风险。相较于传统的基于指标的区域灾害风险评价,该模型可以反映即使相同的承灾体构成,区域灾害风险也存在差异,然而这些差异单单依靠指标却无法体现。此外,该形式的区域模型表示方式也为灾害后果的发展态势及其在空间上扩散或者蔓延的潜在路径的挖掘奠定了基础,丰富了复杂系统建模的理论和方法。

第三,基于级联灾害情景演化驱动要素分析及承灾体状态转化机理,构建了描述区域级联灾害情景演化的动力学模型,以刻画灾害后果的形成过程及其传播扩散路径,实现了基于灾害情景演化的灾害损失风险分析及"情景—应对"。

通过辨析区域灾害情景演化与灾害损失风险形成过程的对应关系,以区域承灾体影响拓扑关联网络为基础,构建了描述区域灾害情景演化的动力学模型,分析灾害后果的形成过程及灾害传播扩散路径,实现对区域次生灾害风险的区划,并提出降低灾害损失风险的情景—应对策略。基于仿真模拟结果分析,本研究定义了基本危险性、次生危险性和总体释放危险性三个关键指标,分别刻画在初始情景下区域承灾体蕴含的灾害要素危险性的释放量、在情景演化过程中、终止情景之前危险性的释放量以及二者之和,并对次生危险性进行区划,以指导次生风险防范;通过仿真模拟相同原生灾害不同等级应急响应能力下承灾体状态及灾害后果蔓延网络的形成过程,并进行对比分析,可以辨识灾害情景演化过程中应急响应应该关注的重点对象及其变化,在应急响应整体能力有限的情况下,有助于优化应急响应过程中人员和物资在灾害演化典型情景片段下的分配优先级。

此外,该研究工作与《"十三五"公共安全科技创新专项规划》中的公共安全共性基础科学问题"突发事件动力学演化"和"承灾载体灾变机理",关键技术研究"情景构建与推演"的需求相匹配。本研究的内容也为丰富公共安全体系建设的理论和方法上的一个探索。

第一章 级联灾害风险概述

第一节 当代灾害风险特征

自 2017 年以来,《国家综合防灾减灾规划(2016—2020 年)》《国家突发事件应急体系建设"十三五"规划》等重大规划接连颁布,对目前突发事件现状和形式进行了总结,指出从突发事件发生态势看,各种类型突发事件仍处于易发多发期;从突发事件的复杂程度看,各种风险相互交织,呈现出自然和人为致灾因素相互联系、传统安全与非传统安全因素相互作用、既有社会矛盾与新生社会矛盾相互交织等特点;从我国应急体系发展现状看,与严峻复杂的公共安全形势还不相适应。[①] 伴随新时代灾害的时空分布、损失程度和影响深度广度出现的新变化,各类灾害的关联性、衍生性、复合性、非常规性及向巨灾演化的趋势也日显突出。

纵观国内外诸多重大灾害的发生,很多是因为初始事件的灾害后果没有得到及时的预警或有效的控制,在各类影响因素的综合作用下,如被

[①] 参见《国务院办公厅关于印发国家突发事件应急体系建设"十三五"规划的通知》(国办发〔2017〕2 号),中国政府网 2017 年 7 月 19 日,http://www.gov.cn/zhengce/content/2017-07/19/content_5211752.htm;《国务院办公厅关于印发国家综合防灾减灾规划(2016—2020 年)的通知》(国办发〔2016〕104 号),中国政府网 2017 年 1 月 13 日,http://www.gov.cn/zhengce/content/2017-01/13/content_5159459.htm。

推翻的多米诺骨牌一样产生级联效应,使灾情在空间范围和影响强度上不断升级而导致的。比如 2008 年中国南方雪灾、2011 年东日本大地震、2012 年的飓风"桑迪"、2013 年青岛中石化东黄输油管道泄漏爆炸事故等。并且随着社会环境复杂度的不断提高,尤其是城市地区人—社会—技术—自然系统高度耦合,致使突发事件之间的关联性不断增强,灾害级联发生的风险日益加剧,潜在灾害损失愈加严重。当今我们面临的突发事件风险已经不再是传统意义上静止的、孤立的风险,而是影响大、高度不确定、综合性强、回旋余地较小的现代风险。①

本书将这种由原生突发事件及其引发的次生衍生事件而形成的多灾种耦合灾害称为级联灾害(Cascading Disasters)。级联灾害具有紧迫性、多样性、扩散性、连锁性和高度不确定性等特点。对于如何应对诸如上述特征的新型危机,建立与之相适应的新的防灾理念与准则,是新时代下应急管理与公共安全领域亟待解决的关键问题。

第二节　级联灾害风险的社会挑战

《国家综合防灾减灾规划(2016—2020 年)》指出,要构建与经济社会发展新阶段相适应的防灾减灾救灾体制机制,必须要实现"三个转变",即"从注重灾后救助向注重灾前预防转变、从应对单一灾种向综合减灾转变、从减少灾害损失向减轻灾害风险转变"。从应急管理生命周期的角度不难看出,这些"转变"强调的是应急管理工作关口的向前推移,这其中最关键的环节就是灾害风险评估。得益于我国公共安全

---

①　参见闪淳昌:《加强应急预案体系建设提高应对突发事件和风险的能力》,《现代职业安全》2007 年第 7 期。

与应急管理体系建设的重视和不断推进,对于常规性灾害已建立了较为完备的风险评估、预案及响应机制。但现阶段,对于"综合灾害"风险的评估、防范及预警能力仍存在不足,而级联灾害就是非常典型的综合性灾害。不仅于我国,近年来,级联灾害相关研究在世界范围内都越来越得到重视①,如欧盟 FP7 项目资助的关于此方面的研究 SnowBall、CASCEFF 等项目。SSCI 数据库样本统计发现,多类型灾害和级联灾害相关的理论、方法和评估工具仍较为薄弱,将成为未来研究关注的焦点和趋势。②

通常级联灾害不仅原生突发事件自身灾害后果严重,由于灾害之间的关联性而产生连锁反应,引发的其他次生事件,往往导致灾害后果加剧,使得灾害情景异常复杂,灾害风险评估和有效控制非常困难,主要体现在以下四个方面:

第一,城市区域中具备诸多突发事件发生的孕灾环境,且潜在次生致灾因子多样。自然灾害、事故灾难、公共卫生和社会安全事件,几乎都可能于城市发生;且城市作为人口和社会财富高度聚集的地区,同时也蕴含各种各样的危险源,如加油站、化工厂、生命线系统等,在特定的条件下可能转为新的致灾因子。

第二,城市区域构成要素之间关联复杂,灾害演化特征明显。社会系统要素之间的相互依赖或关联程度越来越紧密,为灾害后果的传播扩散提供了基本的外部条件。在事件内外环境的相互影响作用下,灾害后果在区域内演化、扩散,使本来的灾害后果加剧甚至衍生新的灾害后果,产生级联效应引发新的事件,造成灾害损失的进一步扩大。

---

① Cf.Pescaroli,G.,and Alexander,D."Understanding Compound,Interconnected,Interacting,and Cascading Risks:A Holistic Framework".*Risk Analysis*,2018,38(11),pp.2245-2257.

② 参见张惠、张韦:《灾害背景下社区弹性的研究现状与展望——以 SSCI 数据库为样本》,《风险灾害危机研究》2018 年第 1 期。

第三,事件发生区域的环境差异,可致使相同初始事件,产生不同灾害后果。相同的类型突发事件可能发生在不同的城市地区,由于区域经济、社会和自然条件的差异,而具有不同的孕灾环境,在同样的致灾因子的作用下,所造成的灾害后果也不同。比如都是输油管爆炸事故,2013年11月22日青岛输油管道爆炸事件的灾害情景和2014年6月30日大连输油管爆裂事故的灾害情景截然不同。这也是级联灾害研究必须坚持考虑区域特征的根本原因。

第四,灾害情景复杂多变,应急决策与响应的难度大。目前我国重大突发事件的应急响应与决策的主要依据是应急预案,其大多是针对具体事件类型事先制定,在多种事件连锁发生的条件下,难以脱离头痛医头脚痛医脚的局限,往往不能及时有效协同应急决策与响应、控制灾害影响的扩散和升级。

由于上述诸多复杂性特征,我们往往是很难通过概率来刻画级联灾害风险。传统的针对常规或单一突发事件类型的"预测—应对"风险管理范式,在处置多灾种耦合发生的级联灾害时遭遇了挑战。相比于单单关注初始灾害事件发生的可能性,更值得关注的是由于受灾区域内灾害风险影响要素之间潜在的相互作用过程,而可能引发次生灾害的灾害后果传播路径,做好级联风险的防控才能实现断链减灾。① 适应性的应急决策依赖于对事件发生发展态势的风险研判,针对即将或可能发生的关键情景作出合理的预警和防控十分关键,因此,促使"预测—应对"型向"情景—应对"型风险管理范式转化。而灾害情景的构建与推演是实现"情景—应对"型风险决策的有效手段之一。美国国土安全部采用情景

---

① Cf.Pescaroli G., Wicks R.T.& Giacomello G.et al., "Increasing Resilience to Cascading Events:The M.OR.D.OR.Scenario," *Safety Science*, 2018, 110, pp.131-140;Pescaroli G., Nones M.& Galbusera L.et al., "Understanding and Mitigating Cascading Crises in the Global Interconnected System," *International Journal of Disaster Risk Reduction*, 2018, 30, pp.159-163.

规划的模式进行国家应急战略准备,提出通用的灾害情景框架,针对15种对美国构成严重风险和挑战的重大突发事件进行了情景的构建与应急准备。我国《"十三五"公共安全科技创新专项规划》中也将"情景构建与推演"作为提升多灾种综合研判和危机应对能力的关键技术。① 情景构建与推演是按照"底线思维",在对事件形成机制及其演化机理认识的基础上,对不确定的未来灾难开展应急准备的一种战略性风险管理方法。② 底线思维、以防为主的前提是辨识和评估可能的风险,为最坏的情况做最充足的准备,努力争取最好的结果,做到有备无患、遇事不慌,牢牢把握主动权。③

综上所述,本书从实际需求出发,一方面,着眼威胁城市公共安全的严峻局面,以问题为导向,为推进源头治理、关口前移,有针对性地做好各项应急准备,为推进应急管理由事后处置为重点向事前风险管理转变进行探索;另一方面,在突发事件尤其是重大突发事件发生后,为快速有效的评估风险发展态势,正确启动相应级别的应急响应、调配救援资源,为控制灾害蔓延、实现断链减灾提供决策支持。

同时,从理论上,深入理解和认识城市级区域联灾害风险的形成条件,解析级联灾害后果形成机理与演化过程,构建能够适应受灾区域环境特征的灾害情景,揭示突发事件多灾种耦合致灾机理和动力学演化过程,并丰富和完善级联灾害风险的评估模型和方法。

---

① 参见《科技部关于印发〈"十三五"公共安全科技创新专项规划〉的通知》(国科发社 2017 年第 102 号),科技网站 2017 年 9 月 7 日,http://www.most.gov.cn/xxgk/xinxifenlei/fdzdgknr/fgzc/gfxwj/gfxwj2017/201709/t20170907_134798.html。

② 参见朱伟、王晶晶、杨玲:《城市重要基础设施灾害情景构建方法与应急能力评价研究》,《管理评论》2016 年第 8 期;Tinti S,Tonini R,Bressan L,et al.,"Handbook of tsunami hazard and damage scenarios", *JRC Scientific and Technical Reports*,2011, pp.1-41。

③ 参见闪淳昌:《总体国家安全观引领下的应急体系建设》,《行政管理改革》2018 年第 3 期。

第三节　级联灾害风险应对的实践与研究

一、我国城市级联灾害风险应对的实践探索

1. 我国应急管理发展历程

我国自古以来就是自然灾害多发频发的国家,在应对灾害的漫长岁月中,逐渐形成了"居安思危,思则有备,有备无患""安不忘危,预防为主"等丰富的应急文化。

新中国成立以来,随着公共安全形势的变化和政府治理模式的调整,中国的公共危机管理机构也发生了重大变化。作为一种自觉的、综合的应急管理实践则可以说是 2003 年"非典"暴发之后才开始起步的。在经历 2008 年应对南方低温雨雪冰冻灾害和"5·12"汶川特大地震、2009 年乌鲁木齐"7·5"事件、2010 年的大连新港输油管道爆炸事故、2011 年甬温线动车事故、2013 年芦山地震、2015 年 8 月天津滨海新区爆炸事故等重特大突发事件之后,中国对公共危机管理机构不断进行调整和优化。特别是 2018 年根据《深化党和国家机构改革方案》组建应急管理部,标志着我国公共危机管理站上了历史的新起点。①

关于新中国成立后中国公共危机管理的发展历程,不同学者给出了不同的划分方式。

薛澜、张海波等将其分为以集中动员式为特点的第一代应急管理系统(新中国成立后至 2003 年"非典"事件)和以"一案三制"为代表的第二

---

① 参见钟开斌:《中国应急管理机构的演进与发展:基于协调视角的观察》,《公共管理与政策评论》2018 年第 6 期。

代应急管理系统(2003 年"非典"事件之后)两个阶段①;同时指出,应急管理部成立之后,应急管理的外延虽然发生了显著的变化,但仍属于第二代应急管理体系。

江田汉认为可分为单项应对(新中国成立之初到改革开放之前)、分散协调和临时响应(改革开放之初到 2003 年抗击"非典")、综合协调(2003 年"非典"事件后至 2018 年初)、综合应急管理(2018 年初开始)4个阶段②;

高小平、刘一弘将中国应急管理历程分为"单一灾害管理+人民战争(1949—1978 年)"、"单一灾害管理+部门协调机制(1978—1992 年)"、"单一灾害管理+党委协调机制+部门协调机制(1992—2003 年)"、"枢纽机构抓总+部门协调机制(2003—2013 年)"、"国安委+党政同责+部门协调机制(2013—2018 年)"、"面向新时代的全面综合统一的部门管理模式(2018 年之后)"六个阶段。③

王宏伟指出新中国应急管理体制的演进存在四个里程碑:一是 1950 年成立的中央救灾委员会;二是 1989 年成立的中国国际减灾十年委员会;三是 2005 年成立的国务院应急管理办公室;四是 2018 年组建的应急管理部。④

以重大历史事件为标志,结合学者们的相关研究,本书将其分为四个阶段:

---

① 参见薛澜:《中国应急管理系统的演变》,《行政管理改革》2010年第 8 期;张海波:《新时代国家应急管理体制机制的创新发展》,《人民论坛·学术前沿》2019年第 5 期。

② 参见江田汉:《我国应急管理经过哪些发展阶段》,《中国应急管理报》2018年7月11 日

③ 参见高小平、刘一弘:《应急管理部成立:背景、特点与导向》,《行政法学研究》2018年第 5 期。

④ 参见《从协调组织到政府部门中国应急管理制度之变》,应急管理部网站2019年9 月 23 日,https://www.mem.gov.cn/xw/mtxx/201909/t20190923_336910. shtml。

第一阶段为新中国成立之初到 2003 年"非典"之前的单灾种应对模式。

该阶段以单灾种分类管理为主要特征,我国建立了国家地震局、水利部、林业部、中央气象局、国家海洋局等专业性防灾减灾机构,一些机构又设置若干二级机构以及成立了一些救援队伍,形成了各部门独立负责各自管辖范围内的灾害预防和抢险救灾的模式,这一模式趋于分散管理、单项应对,具有专业化、单一化特点。这个时期灾害管理体制最突出的特征是部门分割,权责独立,不同政府部门之间较少有联系合作,小规模灾害的应对仍以地方政府为主,中央政府的应急机构只提供了力所能及的协调服务。[①]

薛澜教授认为此时期的应急管理系统的特点主要有四点[②]:(1)它是一个高度集中的治理体系,其中关键是政治动员,而且在部门之间有很细的分工;(2)危机管理是日常管理在危机状态下的延伸,模式是危机事件发生后成立一个应急管理指挥部;(3)从能力和技术看,与当时时代发展的水平相适应;(4)从环境与文化看,有很鲜明的时代特色,主要是简朴稳定,纪律性强,而且大家都认为公共利益压倒一切。

第二阶段为 2003 年"非典"后至 2008 年,"一案三制"为核心的应急管理体系的建设期。

2003 年春,我国经历了一场由"非典"疫情引发的从公共卫生到社会、经济、生活全方位的突发公共事件。应急管理工作得到政府和公众的高度重视,全面加强应急管理工作开始起步。

2003 年之后,党的十六届三中全会、四中全会、六中全会基本完成了我国应急管理体系框架的蓝图设计工作。以综合应急管理理念为指导,逐步形成"对象上全灾种、过程上全过程、结构上多主体"为特点的,以

① 参见江田汉:《我国应急管理经过哪些发展阶段》,《中国应急管理报》2018 年 7 月 11 日。

② 参见薛澜:《中国应急管理系统的演变》,《行政管理改革》2010 年第 8 期。

"一案三制"（应急预案、应急体制、应急机制、应急法制）为框架的综合应急管理体系。[1] 2008年3月5日，时任国家总理温家宝在十一届全国人大一次会议上作政府工作报告时说"全国应急管理体系基本建立"，标志着以"一案三制"为核心的中国应急管理体系基本形成。

在制度层面上，中国由综合防灾减灾阶段迈向了综合的应急管理阶段，确立"国家建立统一领导、综合协调、分类管理、分级负责、属地管理为主的应急管理体制"。国务院各部门以及各级地方政府作为突发事件应急管理工作的行政主体，统一管理之前分属不同部门的四大类事件的全过程，形成"统一领导"的制度安排，提升了应急管理工作的权威性和重要性。逐渐形成政府应急管理办公室枢纽抓总体，议事协调机构与部门间联席会议统筹的"虚实结合"应急协调机制。

表1-1　2004—2008年中国应急管理主要工作及大事记[2]

时间	主要工作	大事记	新通过的法规条例
2003年	应急管理工作启动	国务院办公厅成立应急预案工作小组，重点推动应急预案编制和应急管理的体制、机制和法制建设工作	国务院常务会议审议通过《突发公共卫生事件应急条例》
2004年	应急预案编制工作	3月，国务院办公厅在郑州召开应急预案工作座谈会，确定把围绕"一案三制"的应急管理体系建设作为当年政府工作的重要内容；9月召开的党的十六届四中全会明确提出：要建立健全社会预警体系，形成统一指挥、功能齐全、反应灵敏、运转高效的应急机制，提高保障公共安全和处置突发事件的能力	4月，国务院办公厅印发《国务院有关部门制定和修订突发公共事件应急预案框架指南》；5月，国务院办公厅印发《省（区、市）人民政府突发公共事件应急预案框架指南》

---

① 参见刘一弘：《70年三大步：中国应急管理制度的综合化创新历程》，《中国社会科学报》2019年9月25日。

② 参见吴波鸿、张振宇、倪慧荟：《中国应急管理体系70年建设及展望》，《科技导报》2019年第16期。

时间	主要工作	大事记	新通过的法规条例
2005 年	应急管理体制建设,稳步推进"一案三制"	4 月,国务院下发《国家突发公共事件总体应急预案》;7 月,国务院召开全国应急管理工作会议,要求各级政府成立应急管理机构。12 月,国务院应急管理机构,即国务院应急管理办公室正式成立	5—6 月,国务院印发四大类 25 件专项应急预案;80 个部门预案和省级总体应急预案相继发布
2006 年	应急管理机制建设	3 月,十届全国人大四次会议审议通过"十一五规划",首次将应急管理列入国家国民经济和社会发展规划;10 月,中国共产党第十六届中央委员会第六次全体会议通过的《中共中央关于构建社会主义和谐社会若干重大问题的决定》明确指出:"要抓紧建立健全社会预警体系,建立健全突发事件应急机制和社会动员机制,提高保障公共安全和处置突发事件的能力。"	1 月 8 日,国务院发布《国家突发公共事件总体应急预案》 6 月 15 日,新华社受权发布《国务院关于全面加强应急管理工作的意见》
2007 年	应急管理法制建设	中国共产党第十七次全国代表大会指出:要坚持安全生产,强化安全生产管理和监督,有效遏制重特大安全事故,完善突发事件管理机制	8 月 30 日,十届全国人民代表大会常务委员会第二十九次会议通过了《中华人民共和国突发事件应对法》,并于 11 月 1 日起实施

第三阶段为 2008 年至 2018 年应急管理部组建之前,应急管理机制建设的实践、完善与反思时期。

若将 2003 年发生的"非典"事件视作我国应急管理工作的转折点,那么 2008 年 5 月 12 日发生的汶川特大地震,则成为我国全面加强灾害应急管理工作的新起点。[①] 2008 年 6 月,在经历南方雪灾和汶川地震后,党中央、国务院深入总结我国应急管理的成就和经验,查找存在问题,提

———————

① 参见刘智勇、陈莘、刘文杰:《新中国成立以来我国灾害应急管理的发展及其成效》,《党政研究》2019 年第 3 期。

出进一步加强应急管理的方针政策。在"一案三制"的总体框架下,重点加强了地区之间、部门之间、条块之间、军地之间的对接,推动应急协调从以往依靠行政命令的强制型模式向依靠自发自愿的自主型模式转变。

"一案三制"的综合应急管理体系经受了许多重大公共突发事件的严峻考验,其中包括 2008 年南方雪灾、汶川特大地震等自然灾害、2015年天津港特大火灾爆炸等事故灾难、2008 年三鹿毒奶粉等公共卫生事件、2009 年乌鲁木齐"7·5"事件等社会安全事件,这些事件的处置都证明了"一案三制"的综合应急管理体系是符合国情、基本可行的,并经过对于各类事件应急管理工作不断的反思与完善,推动了中国应急管理质量的提升。

与此同时,在应对一系列公共突发事件的实践中,也暴露出"一案三制"应急管理体系的弱点。童星教授将其概括为两大方面:①

一是该体系只有"对象—过程—结构"三个维度,其中,对象维度覆盖全灾种,揭示不同灾种之间的共性,过程维度贯穿各阶段,将应急管理由突发事件应对向前后延伸,结构维度调动多主体的积极性,包括所有责任方以及所有利益相关者,但是缺乏效果的维度。这就导致整个应急管理工作事先没有目标、没有规划,事后无法客观评价。比如:有两个相邻的县,前者平时注重兴修水利,疏浚排水系统,后者不搞水利工程,只是一心忙于招商引资、发展经济。结果一场暴雨下来,前者没有灾情,人民群众生命财产毫发无损,后者洪涝严重,人民群众生命财产损失巨大。但只要后者的书记、县长等领导不临阵脱逃,而是带领大家抗击洪涝灾害,渡过难关,日后提拔干部,后者更有优势,上级财政拨款援助,当然也会倾向后者。由此推测,长此以往,乐于默默无闻地以精细的工作、踏实的作风

---

① 童星:《中国应急管理的演化历程与当前趋势》,《公共管理与政策评论》2018 年第6 期。

从事防灾减灾的人便会越来越少;更多的人看到风险、危险、隐患会无动于衷,甚至坐等风险暴发后再轰轰烈烈地救灾当英雄。

二是从实际操作来看,全灾种管理和全过程管理往往格格不入,常常难以兼容。理论研究的旨趣在于揭示事物的普遍性和共性,从而获取解释力强、适用性广的优势;实践操作的任务则是处理事务的特殊性和个性,从而达到解决具体问题的效果。用一个理论来解释所有不同灾种的应急管理全过程,应当说是可能的;然而以一个部门来负责所有不同灾种的应急管理全过程,却是不太可行的。结果就是,在各级政府应急办的综合协调下,由于过于强调全灾种应对,所以集中精力于应急处置,而难以向前后延伸;在应急处置中,又是集中精力于"信息报送"和"舆情管控",而难以解决实际问题,往往依靠临时成立的"应急指挥部"来解决问题;甚至一些个别地方或部门,掩盖回避存在的问题,不是着眼于解决问题,而去"解决"揭露或提出问题的"人"。这不仅违背了应急管理的初衷,而且在人民群众中引发了负面情绪。

第四阶段为2018年应急管理部组建后,以总体国家安全观为指引的公共安全治理体系建立时期。

2018年2月28日,十九届三中全会通过的《中共中央关于深化党和国家机构改革的决定》提出:"加强、优化、统筹国家应急能力建设,构建统一领导、权责一致、高效权威的国家应急能力体系,提高保障生产安全、维护公共安全、防灾减灾救灾等方面能力,确保人民生命财产安全和社会稳定。"根据《深化党和国家机构改革方案》,"为了防范化解重特大安全风险,健全公共安全体系,整合优化应急力量和资源,推动形成统一指挥、专常兼备、反应灵敏、上下联动、平战结合的中国特色应急管理体制",我国将分散在各个机构的自然灾害、事故灾难应对职能加以整合和统一。将国家安全生产监督管理总局的职责,国务院办公厅的应急管理职责,公安部的消防管理职责,民政部的救灾职责,国土资源部的地质灾害防治、水利部的水旱灾害防治、农业部的草原防火、国家林业局的森林防火相关职责,中国地震局的震灾应急救援职责以及国家防汛抗旱总指挥部、国家减灾委员会、国务院抗震救灾指挥部、国家森林防火指挥部的职责整合,组建应急管理部,作为国务院组成部门。2018 年 4 月 16 日,中华人民共和国应急管理部正式挂牌。

图 1-1 应急管理部职责构成

其实早在应急管理部正式组建之前,我国已经开启了对于新时代应急管理体系的探索。2014 年 4 月 15 日,习近平总书记主持召开中央国家安全委员会第一次会议,提出总体国家安全观的战略决策:"必须坚持总体国家安全观,以人民安全为宗旨,以政治安全为根本,以经济安全为基础,以军事、文化、社会安全为保障,以促进国际安全为依托,走出一条中国特色国家安全道路。"坚持总体国家安全观,要统筹外部安全和内部安全、国土安全和国民安全、传统安全和非传统安全、自身安全和共同安全。构建集政治安全、国土安全、军事安全、经济安全、文化安全、社会安全、科技安全、信息安全、生态安全、资源安全、核安全等于一体的国家安全体系。① 从本质上看,总体国家安全观强调以整体性思维认识错综复杂、相互依赖的各类安全关系并加以统筹协调。它将管理的重点从事后处置前移到风险管理,奠定了公共安全治理的基本框架。

公共安全是国家安全的重要组成部分,应急管理是公共安全治理的重要内容。应急管理既服务于公共安全,又服务于国家安全。在综合应急管理到公共安全治理的转变过程中,核心体现在从管控型应急管理转向网络结构型共治的立体化公共安全治理体系、从侧重事后响应为主转向以风险治理为基础的全过程公共安全治理体系,试图构建风险、安全与应急一体化,构筑覆盖事前、事发、事中、事后于一体的全流程,形成源头治理、动态管理、应急处置相结合的公共安全治理体系。

2018 年,党和国家机构改革标志着国家开始系统性重构应急管理体系,以统筹、优化、科学为原则对应急管理领域的各项职能进行重组和完善。应急管理职能由非常态转向常态,试图在四大类事件的每一个领域建立由一个强有力的核心部门牵头,各方协调配合的应急管理体制。综合性改革的方向始终是最大限度加强统筹协调能力。应急管理部、卫生

---

① 参见《习近平关于总体国家安全观论述摘编》,中央文献出版社 2018 年版,第 14、15 页。

健康委员会、公安部形成大政府应急管理的三大机构核心，同时以应急管理部为牵头组织的多主体协同网络。

中央国家安全委员会作为高层次的决策和议事协调机构，可以调动党、政、军及全社会的力量，形成合力，共同应对危害国家安全的重大和特别重大事件。新《国家安全法》第 49 条规定："国家建立中央与地方之间、部门之间、军地之间以及地区之间关于国家安全的协同联动机制。"中央国家安全委员会可以成为突发事件应急协调的最终保障。应急管理部门加强各级减灾委员会及其办公室的统筹指导和综合协调职能，充分发挥主要灾种防灾、减灾、救灾指挥机构的防范部署与应急指挥作用，建立部门联动机制。这一时期，运用物联网、互联网+、云计算、大数据等新技术改善和创新应急管理工具，从过去部门分散的多门式到一楼式整合，再到统一共享的数据平台建设，将进一步加强风险治理能力和推动综合应急协调职能落地。[①]

2. 韧性城市

随着城镇化进程加快，城市地区面临的不确定性因素和未知风险也不断增加，在各种突如其来的自然和人为灾害面前，城市往往表现出极大的脆弱性。近年来，城市重大灾害事故呈现出典型的次生衍生灾害与多灾种耦合等特点，具有多主体、多目标、多层级、多类型的复杂特征[②]，而这正逐渐成为制约城市生存和可持续发展的瓶颈问题。建设韧性城市（Resilient City），可以提高城市防范化解重大风险的能力，尤其是针对城市次生衍生灾害与多灾种耦合特点，实现系统化应对，是促进城市风险治理现代化水平，破解目前风险防控困局的重要创新模式。

---

① 参见刘一弘：《70 年三大步：中国应急管理制度的综合化创新历程》，《中国社会科学报》2019 年 9 月 25 日。

② 参见袁宏永：《提高治理水平加强风险防控建设韧性城市》，《中国应急管理报》2020 年 11 月 26 日。

（1）韧性的内涵。

韧性,英文词为 Resilience,一词最早来源于拉丁语"Resilio",其本意是"回复到原始状态",也被翻译为抗逆力、弹性等。对韧性观点的认知,最早来自工程领域,用来描述材料在外力作用下变形后的复原能力。1973 年,加拿大生态学家霍林(Holling)首次将韧性概念引入生态系统的研究中,把它定义为"生态系统受到扰动后恢复到稳定状态的能力"。到20 世纪 90 年代,对韧性的研究从生态学领域逐渐扩展到社会—生态系统研究中。

伴随着领域的延伸,韧性的概念也经历了从工程韧性(Engineering Resilience)、生态韧性(Ecological Resilience)到演进韧性(Evolutionary Resilience)的发展,其外延不断扩大,内涵不断丰富,受关注度也不断攀升。①

工程韧性假定系统具有单一的均衡稳态,当系统受冲击影响脱离其均衡状态后,工程韧性使得系统恢复到冲击前状态,系统的结构和功能没有发生变化。注重系统对冲击的抵抗性和恢复到均衡状态的速度,受冲击影响越小、抵抗性越高、恢复时间越短的系统,其韧性越高。

生态韧性则否定了工程韧性论中单一、稳定的均衡态观点,强调系统具有多元的均衡态,极难甚至不可能复原到原来的状态,且很有可能转化到其他的稳定状态。②

Gunderson 用杯球模型展示了两种韧性观点的本质区别:该模型中,黑色的小球代表一个小型的系统,单箭头代表对系统施加的扰动,

① Cf.Holling C.S., "Resilience and Stability of Ecological Systems,"*Annual Review of Ecology and Systematics*,1973,4(1),pp.1–23.参见邵亦文、徐江:《城市韧性:基于国际文献综述的概念解析》,《国际城市规划》2015 年第 2 期;李连刚、张平宇、谭俊涛等:《韧性概念演变与区域经济韧性研究进展》,《人文地理》2019 年第 2 期。

② 参见陈玉梅、李康晨:《国外公共管理视角下韧性城市研究进展与实践探析》,《中国行政管理》2017 年第 1 期。

杯形曲面代表系统可以实现的状态,曲面底部代表相对平衡的状态阈值。在工程韧性的前提下,系统在时刻 t 因被施予了一个扰动而使得系统状态脱离相对平衡的范围。在可以预见的时刻 $t+r$,系统状态会重新回到相对的平衡。因此,工程韧性可以看作是两个时刻的差值 r。r 值越小,系统会越迅速地回归初始的平衡状态,工程韧性也越大。这一结果非常类似于学者们对工程韧性的原始定义。在生态韧性的前提下,系统状态既有可能达成之前的平衡状态,也有可能在越过某个门槛之后达成全新的一个或者数个平衡状态。因此,生态韧性 R 可以被视为系统即将跨越门槛前往另外一个平衡状态的瞬间能够吸收的最大的扰动量级。

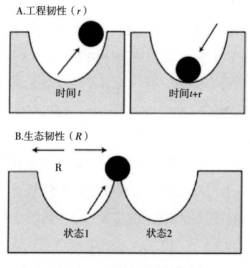

A.工程韧性（r）

时间 t　　时间 $t+r$

B.生态韧性（R）

R

状态1　　状态2

图 1-2　韧性杯球模型①

　　在生态韧性的基础上,随着对系统构成和变化机制认知的进一步加深,学者们又提出了一种全新的韧性观点——演进韧性。该观点认

---

① 参见邵亦文、徐江:《城市韧性:基于国际文献综述的概念解析》,《国际城市规划》2015 年第 2 期。

17

为韧性不应该仅仅被视为系统对初始状态的一种恢复,而是复杂的社会生态系统为回应压力和限制条件而激发的一种变化、适应和改变的能力。演进韧性认识到系统的非均衡演化特征,摒弃了对系统均衡状态的追求。[①]

Gunderson 和 Holling 所提出的适应性循环理论模型是演进韧性研究的代表性理论,他们将系统的发展划分为 4 个阶段,分别是开发阶段(exploitation phase or r)、保存阶段(conservation phase or K)、释放阶段(release phase or Ω)和重组阶段(reorganization phase or α):[②]

在开发阶段,系统不断吸收元素并且通过建立元素间的联系而获得增长,由于选择多样性和元素组织的相对灵活性,系统呈现较高的韧性量级。但随着元素组织的固定,其系统韧性逐渐被削减。

在保存阶段,因元素间的联结性进一步强化,使得系统逐渐成形,但其增长潜力转为下降,此时系统具有较低的韧性。

在释放阶段,由于系统内的元素联系变得程式化,需要打破部分固有的联系而取得新的发展,此时潜力逐渐增长,直到扰沌性崩溃(chaotic collapse)的出现。在这一阶段,系统韧性量级较低却呈现增长趋势。

在重组阶段之中,韧性强的系统通过创造新的重构机会来支撑进一步发展,再次进入开发阶段,往复实现适应性循环。

另一种可能性是,在重组阶段系统缺少必要的能力储备,从而脱离循环,导致系统失败。

为避免将适应性循环看作一个封闭的递进循环过程,Gunderson 等在适应性循环理论的基础上,进一步提出了多尺度嵌套适应性循环理论。

---

① 参见李连刚、张平宇、谭俊涛等:《韧性概念演变与区域经济韧性研究进展》,《人文地理》2019 年第 2 期。

② Cf.Gunderson, L. H., Holling, C. S., eds., *Panarchy: Understanding Transformations in Human and Natural Systems*.Island Press, Washington DC, 2002.

这一理论模型包括两层含义:首先,各阶段不一定是连续或固定的;其次,系统功能不是一个单一循环周期,而是一系列嵌套的自适应循环,它们在多种尺度范围、不同时间段内以不同的速度运作和相互作用。① 如图1-3 所示,其中反抗(Revolt)和记忆(Remember),描述了不同尺度转换的链接点。②

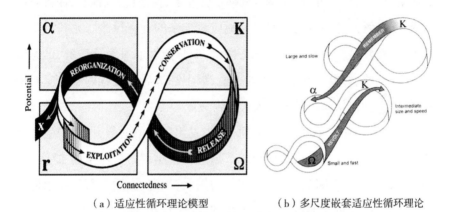

(a)适应性循环理论模型　　　　(b)多尺度嵌套适应性循环理论

图1-3　韧性的适应性循环的扰动模型

(2)韧性城市相关理论与实践。

作为一个高度耦合的自然—社会—技术系统,城市时刻面临着各种自然或人为活动的影响和扰动。"韧性"的理念,为联系自然环境、物理环境和经济社会环境提供了一个有效的理论研究框架,对于提高城市系统面对不确定性因素的抵御力、恢复力和适应力,提升城市规划的预见性和引导性,很具有启发意义,为相关学者和城市管理者们,提供了新的研究思路和规划视角。

---

① 参见刘志敏:《社会生态视角的城市韧性研究》,东北师范大学博士学位论文,2019 年。

② 参见陈玉梅、李康晨:《国外公共管理视角下韧性城市研究进展与实践探析》,《中国行政管理》2017 年第 1 期。

为更为系统和科学的辅助韧性城市建设,国际上涌现了类似于 Resilience Alliance、Resilient City Organization 等专业性的学术或产业交流合作组织。国际社会关于韧性城市的概念和内涵的理解也逐渐达成共识。韧性城市指的就是城市或城市系统能够化解和抵御外界的冲击,保持其主要特征和功能不受明显影响的能力。也就是说,当灾害发生的时候,比如暴雨、台风、地震等,韧性城市能够承受冲击,快速应对、恢复,保持城市功能正常运行,并通过适应来更好地应对未来的灾害风险。尤其需要强调的是,韧性城市不是不发生灾害冲击,而是能够通过充分准备、迅速响应、吸收调整、修复重建等一系列事前、事中和事后全过程的积极应对措施,将灾害冲击给城市带来的损失降到最低。[①]

具体表现在以下 4 个方面:第一,当发生灾害的时候,城市中生命财产损失可控,也就是人员伤亡和财产损失比较小;第二,城市的主要功能不中断,比如说与人们生活息息相关的用水、用电、交通出行等需求能够保障;第三就是城市的备灾救灾系统完善,而且能够快速启用,灾害不发生链式反应,也就是保证一种灾害尽量不会再引发其他别的灾害,即次生灾害少;第四,灾后恢复的时间和程度能够满足社会的需求,即恢复快,如大雪过后,城市交通系统依然能够正常运行,或者虽然受到一些影响但能够迅速恢复正常。

如何才能保障上述功能的实现,学者们对韧性城市应具备的特征进行了总结和归纳:Ahern 认为韧性城市应该具备多功能性、冗余度和模块化特征、生态和社会的多样性、多尺度的网络联结性、有适应能力的规划和设计这 5 个方面的特性[②];Allan 和 Bryant 认为韧性城市必须具备 7 个

---

① 参见普华永道:《机遇之城 2020 专题研究:提高重大突发事件管理能力,增强中国城市发展韧性》,普华永道网站 2020 年 3 月,https://www.pwccn.com/zh/services/consulting/publications/resilient-city.html。

② Cf.Ahern J.,"From Fail-safe to Safe-to-fail:Sustainability and Resilience in the New Urban World,"*Landscape and Urban Planning*,2011,100(4),pp.341-343.

主要特征,包括多样性、变化适应性、模块性、创新性、迅捷的反馈能力、社会资本的储备以及生态系统的服务能力①;洛克菲勒基金会提出韧性城市应具备 7 个品质,即灵活性、冗余性、鲁棒性、智谋性、反思性、包容性和综合性,并基于此开发了韧性城市框架指标体系 CRF/CRI,该指标体系由领导力及策略(Leadership & strategy)、健康及福祉(Health & wellbeing)、经济及社会(Economy & society)、基础设施及环境(Infrastructure & environment)4 个维度组成,细化为 12 个目标、52 个绩效指标及 156 个二级指标。② 此外,李彤玥将国内外研究中析出的韧性城市特征进行了总结,见表 1-2。

表 1-2　韧性城市特征③

特性	含义
自组织	自组织系统的分布式特征有助于从干扰中恢复。如果受到了破坏,市民和公共管理者能够立即行动起来避免损伤,局部修复功能使系统迅速重组而无须等待来自于中央政府或其他机构的援助,外部的援助往往不很及时。
冗余性	相似功能组件的可用性及跨越尺度的多样性和功能的复制,确保某一组件或某一层次的能力受损,城市系统功能仍然能够依靠其他层次正常运转。
多样性	土地利用模式、生物、基础设施、知识和人口结构的多样性确保城市系统存在冗余功能。
适应能力(学习能力)	城市能够在每次灾害之后及时采取物理性、制度性的调整,以更好地准备应对下一次灾害,"边做边学",新经验不断被纳入适应能力中,从过去的干扰中学习。

---

① Cf. Allan P. & Bryant M., "Resilience as a Framework for Urbanism and Recovery," *Journal of Landscape Architecture*, 2011, 6(2), pp.34–45.

② 参见陈玉梅、李康晨:《国外公共管理视角下韧性城市研究进展与实践探析》,《中国行政管理》2017 年第 1 期。

③ 参见李彤玥:《韧性城市研究新进展》,《国际城市规划》2017 年第 5 期。

特性	含义
独立性	自力更生,系统在受到干扰影响时能够在没有外部支持的情况下保持最小化功能运转。
相互依赖性	确保系统作为综合集成网络的一部分,获得其他网络系统的支持。
抗扰性	系统抵挡内部和外部冲击,主要功能不受损伤。
智慧性	城市规划和决策者能够使用资源,以准备、响应和从可能的破坏中恢复。
创造性	城市系统能借助受破坏的机会向更先进的状态过度,要求城市规划和管理创新。
协同性	城市系统应促进利益相关者积极参与决策过程。

作为一种新的城市可持续化发展路径,全球范围内"韧性城市"相关规划和实践应运而生(见表 1-3)。其中,具有代表性的《一个更强大、更有韧性的纽约》建设计划,是 2012 年桑迪飓风之后,美国纽约为全面提升纽约应对未来气候风险的能力所制订;日本则颁布了一项《国土强韧性政策大纲》,提出了推进整个国家韧性提升的一项计划,防控的目标主要是地震和海啸风险。2017 年 6 月,中国地震局提出实施的《国家地震科技创新工程》,包含了四大计划,"韧性城乡"计划就是其中之一,这也是我国提出的第一个国家层面上的韧性城市建设。自 2017 年以来,北京、上海、雄安、广州等地,也陆续将韧性城市建设的理念,纳入城市总体规划当中。

表 1-3　国内外主要韧性城市规划实践①

	时间	地区	规划名称	核心
国际典型韧性城市规划实践	2008 年 9 月	美国芝加哥	《芝加哥气候行动计划》（Chicago Climate Action Plan）	目标：构建人居环境和谐的大城市典范 特色：用以滞纳雨水的绿色建筑、洪水管理、植树和绿色屋顶项目
	2008 年 12 月	荷兰鹿特丹	《鹿特丹气候防护计划》（Rotterdam Climate Proof)②	目标：到 2025 年鹿特丹能够有效地应对气候变化的影响，成为世界"水管理创新型城市" 重点领域：洪水管理、城市可达性、适应性建筑、城市水系统和城市气候等 5 个主题
	2010 年 11 月	南非德班市	《适应气候变化规划：面向韧性城市》（Climate Change Adaptation Planning: For A Resilient City）	目标："2020 年建成为非洲最富关怀、最宜居城市" 重点领域：水资源、健康和灾害管理
	2011 年 10 月	英国伦敦	《管理风险和增强韧性》（Managing Risks and Increasing Resilience）	目标：应对气候变化、提高市民生活质量 重点领域：气候变化下威胁伦敦的三大主要灾害（洪水、干旱和高温）的风险分析与管理，提出"愿景—政策—行动"的框架和内容
	2013 年 6 月	美国纽约	《一个更强大，更有韧性的纽约》（A Stronger, More Resilient New York）	目标：应对气候变化、提高城市韧性 重点领域：风险预测与脆弱性评估、城市基础设施及人居环境修复（海岸线防护、建筑、经济恢复、社区防灾及预警、环境保护及修复）、社区重建和韧性规划、资金和实施
	2013 年	日本	《国土强韧性政策大纲》（National Resilience Policy Outline）	目标：推进整个国家的一个韧性提升 重点领域：地震和海啸风险

① 郑艳：《推动城市适应规划，构建韧性城市——发达国家的案例与启示》，《世界环境》2013 年第 6 期；《上海市城市总体规划（2017—2035 年）》；《广州国土空间总体规划（2018—2035 年）》（草案）；《北京城市总体规划（2016 年—2035 年）》；《河北雄安新区规划纲要》。

② 参见徐一剑：《我国沿海城市应对气候变化的发展战略》，《气候变化研究进展》2020 年第 1 期。

续表

	时间	地区	规划名称	核心
中国典型韧性城市规划实践	2017 年	中国北京	《北京城市总体规划 （2016—2035 年）》（Beijing Master Plan 2016—2035）	目标:提高城市治理水平,让城市更宜居 重点领域:环境治理、公共安全、基础设施、管理体制
	2018 年 1 月	中国上海	《上海市城市总体规划（2017—2035 年）》（Shanghai Master Plan 2017—2035）	目标:在 2035 年建设成为拥有更具适应能力和韧性的生态城市 重点领域:气候变化应对、绿色生态网络;环保治理;综合城市防灾减灾能力建设
	2018 年 4 月	中国雄安	《雄安新区发展规划纲要》（Development Guidelines for Xiong'an）	目标:构筑现代化城市安全体系 重点领域:城市安全和应急防灾体系、保障新区水、城市抗震能力、新区能源供应安全
	2019 年 3 月	中国广州	《广州市国土空间总体规划（2018—2035 年）》草案（Territory Master Plan for Guangzhou）	目标:安全韧性城市 重点领域:地质地震、水资源保障、能源安全、海绵城市

　　《中共中央关于制定国民经济和社会发展第十四个五年规划和二〇三五年远景目标的建议》(以下简称《建议》)提出统筹发展和安全,建设更高水平的平安中国的需求,具体指出,建设海绵城市、韧性城市,提高城市治理水平,加强特大城市治理中的风险防控等目标。[1] 清华大学公共安全研究院副院长袁宏永教授在对《建议》进行解析时指出,构建安全韧性城市,需要针对城市次生衍生灾害与多灾种耦合特点,探索城市复杂系统耦合下次生衍生灾害演化规律、预测模型、预警理论及决策体系,以实现城市灾害风险的系统应对。[2] 这也正与本书开展城市区域级联灾害风

――――――――

　　① 参见《中共中央关于制定国民经济和社会发展第十四个五年规划和二〇三五年远景目标的建议》,人民出版社 2020 年版,第 24 页。
　　② 参见袁宏永:《提高治理水平　加强风险防控　建设韧性城市》,《中国应急管理报》2020 年 11 月 26 日。

险研究的初衷不谋而合。

3. 级联灾害风险防范的相关规划

"十三五"期间,党中央、国务院把维护公共安全摆在更加突出的位置,一系列与公共安全和应急管理密切相关的国家级规划相继颁布,要求牢固树立安全发展理念,把公共安全作为最基本的民生,为人民安居乐业、社会安定有序、国家长治久安编织全方位、立体化的公共安全网。

这些规划文件在客观评述和肯定自"十一五"以来中国应急管理体系建设成效的同时,也指出当前公共安全形势之严峻复杂,以及我国突发事件应急体系建设面临的发展机遇和挑战。其中,对于"突发事件复合性""次生衍生灾害""灾害动态演化""多灾种""灾害链""综合减灾"等与灾害级联效应相关的词句被频频提及,被视为公共安全规划中的应被重点关注和有待突破的问题。

《国家突发事件应急体系建设"十三五"规划》①重点分析了当前中国所面临的突发事件的发展态势和复杂程度,提出坚持源头治理、关口前移;坚持底线思维、有备无患;坚持资源整合、突出重点;坚持科学应对、法治保障;坚持政府主导、社会协同;坚持全球视野、合作共赢6项基本原则。在重点任务布局方面,强调完善突发事件风险管控体系,强化城市公共安全风险管理,完善突发事件监测预警服务体系等。具体包括,建立健全突发事件风险评估标准规范,开展突发事件风险评估,建立完善重大风险隐患数据库,实现各类重大风险和隐患的识别、评估、监控、预警、处置等全过程动态管理;构建全过程、多层级环境风险防范体系,实施环境风险全过程管理;推进城市公共安全风险评估,鼓励编制城市公共安全风险清单,形成基于地理信息系统的城市风险"一张图",并对重大风险源进

① 参见《国务院办公厅关于印发国家突发事件应急体系建设"十三五"规划的通知》(国办发〔2017〕2号),中国政府网 2017 年 7 月 19 日,http://www.gov.cn/zhengce/content/2017-07/19/content_5211752.htm。

行实时监控；推行常态与应急管理相结合的城市网格化管理模式，建立健全城市应急管理单元；强化突发事件预测预警功能，及时发现突发事件苗头，提高先期处置时效等。这些方面均凸显了对于次生衍生灾害风险防范的重视，以避免灾害级联失效而导致系统性灾害风险的产生。

《国家综合防灾减灾规划（2016—2020 年）》①从 5 个方面分析了"十三五"时期防灾减灾救灾工作形势：一是灾情形势复杂多变，主要体现为受全球气候变化等自然和经济社会因素耦合影响，自然灾害的突发性、异常性和复杂性有所增加。二是防灾减灾救灾基础依然薄弱。重救灾轻减灾思想仍比较普遍，城市高风险、农村不设防的状况尚未根本改变。三是经济社会发展对加快推进防灾减灾救灾体制机制改革提出了更高要求。四是国际防灾减灾救灾合作任务不断加重。国际社会普遍认识到防灾减灾救灾是全人类的共同任务，更加关注防灾减灾救灾与经济社会发展、应对全球气候变化和消除贫困的关系，更加重视加强多灾种综合风险防范能力建设。该规划中提出了 10 项主要任务，其中两项涉及级联灾害风险防范能力建设，明确指出要加强多灾种和灾害链综合监测，提高自然灾害早期识别能力。这其中，对于揭示重大自然灾害及灾害链的孕育、发生、演变、时空分布等规律和致灾机理，构建自然灾害综合风险评估指标体系和技术方法的相关研究提出了明确需求。

上述两项规划均在各项任务的布局中，体现出对突发事件综合风险防范能力建设的要求，但是所关注的重点略有不同。前者涉及四大类突发事件，后者主要以自然灾害为核心深度展开。

应急管理体系和综合防灾减灾能力的建设，离不开科技创新的支撑。长期以来主要发达国家重视并不断加强公共安全科技创新能力建设。自

---

① 参见《国务院办公厅关于印发国家综合防灾减灾规划（2016—2020 年）的通知》（国办发［2016］第 104 号），中国政府网 2017 年 1 月 13 日，http://www.gov.cn/zhengce/content/2017-01/13/content_5159459.htm。

2000 年以来,我国对于公共安全科技创新科研投入力度不断加大,公共安全领域科学研究和技术研发得到快速发展。《"十三五"公共安全科技创新专项规划》中公共安全科技创新呈现越来越明显的不同领域加速融合、科技—产业—管理协同发展的趋势。风险评估与预防技术正逐步趋于标准化和模型化,并由单灾种向多灾种综合风险评估转变;监测预测预警技术向综合感知、多灾种耦合与跨领域智能预警方向发展;应急处置与救援技术装备正朝着多技术集成、多功能、智能化及成套化方向发展;综合保障技术更注重基于云计算和大数据的综合决策、多灾种耦合的实验平台建设。同时上述技术在增强城市韧性、保障重大基础设施安全等方面的集成应用也已成为国际上公共安全科技发展的新趋势。

2021 年 3 月《中华人民共和国国民经济和社会发展第十四个五年规划和 2035 年远景目标纲要》发布,其中"第十五篇 统筹发展和安全 建设更高水平的平安中国"是与公共安全和应急管理相关的未来规划。可以看出,在总体国家安全观的指导下,各种风险的防范和化解仍是国家和社会关注的重点问题,是国家社会经济稳健发展的基本保障。

二、国外级联灾害应对的探索与实践

为探索级联灾害的发生机理、风险评估方法以及治理手段,近 10 年来,在联合国减灾署、欧盟等各类国际组织的支持下,多个科研团体开展了探索性工作。其中,包括概念层面的解释框架、理论分析模型、级联灾害情景构建、级联灾害应急决策支持工具和方法的开发等。本节选择了欧盟项目中的 SnowBall、CRISMA 两个项目的研究成果进行简要介绍。

1. SnowBall

SnowBall[①] 是在欧盟 FP7 项目支持下开展的为期 3 年(2014—2017

---

① 参见"Snowball project"项目网站,http://snowball-fp7.eu/。

年)的研究课题,课题组成员由来自8个国家的11个合作单位组成,包括2家工业企业、2所研究院、3所大学、3个终端用户和1家咨询公司。SnowBall的整体研究目标是提高应急决策者、第一响应群体以及应急规划制定者的应急准备和响应能力,避免重大灾害风险放大升级。

具体包含3个子目标:第一,在应急规划与准备整体框架下,针对重大灾害中的级联效应,开发一系列应急决策支持工具;第二,构建灾害级联效应仿真的理论模型,以评估对受灾范围内承灾体的影响,并根据可供使用的承灾体及危险源相关数据粒度,生成不同细节层次上的灾害级联效应情景;第三,针对不同的终端用户需求,选择具体灾害来测试SnowBall相关研究成果在不同级联灾害场景中的应用效果。

基于Marzocchi等人[①]对于多灾种风险评估的相关研究,SnowBall构建了级联灾害风险分析框架,由8项基本模块构成:空间、时间、致灾因子、暴露性、脆弱性、动态脆弱性、损害、人类行为。该框架强调,独立于受初始致灾因子危险等级及其潜在的跨边界影响,级联效应的产生主要取决于当地的孕灾环境和脆弱性水平,如地震引发的福岛核泄漏。因此,在区域层面进行级联灾害风险分析时,必须包含3个基本方面:潜在致灾因子的特征、承灾体的暴露性和脆弱性特征、致灾因子之间的转移概率。

将级联灾害情景构建和风险分析为6个步骤进行:

(1)定义级联灾害情景评估的时空窗口,以及衡量承灾体受影响程度的指标;

(2)识别目标区域内的潜在致灾因子;

(3)识别包括所有可能的事件链和相关致灾因子相互作用关系的级联灾害情景;

---

① Cf.Marzocchi W., Garcia-Aristizabal A.& Gasparini P.et al., "Basic Principles of Multi-risk Assessment: A Case Study in Italy," *Natural Hazards*, 2012, 62(2), pp.551-573.

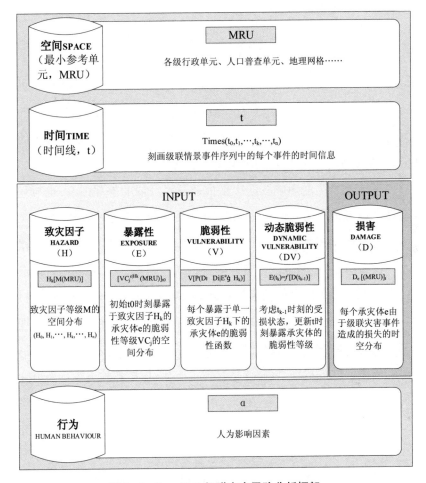

图 1-4　SnowBall 级联灾害风险分析框架

（4）假定发生某一等级的初始事件，对每个级联效应情景进行概率评估；

（5）考虑可能暴露于灾害链的承灾体的动态脆弱性（包括随时间和受人为因素的影响产生的变化），对每个级联效应情景展开脆弱性和暴露性评估；

（6）进行灾害影响和损失评估，包括事件发生后的累积损害以及关

29

键基础设施和服务网络的级联故障。

2. CRISMA

CRISMA(Modelling Crisis Management for Improved Action and Pre-paredness)①与 SnowBall 一样,同为欧盟 FP7 项目下的研究课题,起止时间为 2012 年 3 月到 2015 年 8 月,总经费达 1. 44 亿欧元。CRISMA 的总体研究目标是为自然和人为灾害,特别是低概率、高影响的复杂灾害的危机管理,提供基于建模仿真的决策支持系统。

由于危机产生的影响既取决于推动危机发展的外部因素,也与危机管理团队的各种行为密切相关,CRISMA 开发了一个通用框架(如图 1-5 所示),将一系列模型、软件、工具组合起来,重点考虑事件潜在的连锁和多重风险效应、可能采取的准备和响应行动等因素,按照终端用户需求形成针对不同类型危机事件的模拟程序。并设计了五组不同的仿真情景,包括北欧风暴、海岸淹没、污染事故、地震和森林火灾、应急资源的管理和规划,对该框架的有效性进行测试和验证。基于该框架基本可以实现:模拟可能的多领域危机场景,并评估其灾害后果;模拟各种决策行为可能产生的不同影响;支持应急响应能力、相关投资、资源储备等方面的战略决策;根据危机情景的演化,优化危机应对的资源部署;改进危机管理准备和应对阶段的行动计划。

利用 CRISMA 框架,危机管理人员和其他决策者就有可能将来自许多不同来源的模型、数据和专业知识结合起来,以便对危机情景有更全面的认识,并更好地了解可供选择的备灾、应对和缓解行动。此外,CRISMA 情景比较和可视化工具,有利于诸多组织之间合作的开展,可以改善危机管理人员与其他利益相关者和公众的沟通方式。

---

① Cf.Seventh Framework Programme,"Modelling Crisis Management for Improved Action and Preparedness ", European Commission, 2016, https://cordis. europa. eu/project/id/284552/reporting.

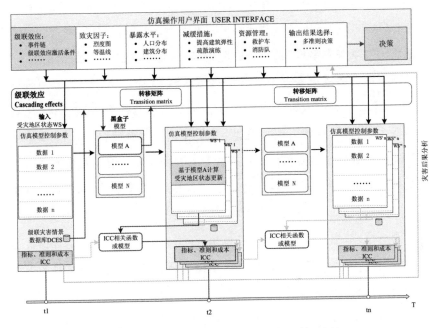

图 1-5 考虑级联效应的 CRISMA 危机管理框架

第四节 本书主要研究内容

对于诸多灾害事件,尤其重大或非常规突发事件,其原生致灾因子发生概率是难以估计的,如地震、危化品爆炸、核污染等,即使对一些可能利用技术手段进行预测的事件,如台风、暴雨,也无法控制或阻止其发生。可以说在灾害系统中,原生致灾因子是不可控性最强的因素,风险控制并不是去阻止所有事件的发生,但是却可以通过降低次生致灾因子的危险性和承灾体脆弱性、提高孕灾环境的稳定性,来达到减轻潜在灾害级联风险、提高区域系统韧性的目的,这应该是应急管理重心前移的关键之所在。由此出发,本书从造成区域级联灾害损失复杂性的影响因素分析出发,研究受灾区域的抽象建模方法,基于连锁反应及灾害后果的形成机理,构建能够反映受灾区域特征的级联灾害情景及演化模型,期望研究结果能够为实现突发事件"情景—应对"型应急管理提供一些参考建议。

本书结合区域灾害系统论、公共安全三角形理论、环境风险全过程理论、突发事件连锁反应机理等理论,以及风险分析与评价、情景分析、仿真模拟等手段,基于对城市地区关键承灾体空间分布特征、承灾体之间影响拓扑关联的分析以及受灾区域的抽象建模的研究,构建了能够体现区域风险特征的级联灾害情景及演化模型,探讨基于情景演化推理的级联灾害风险防范策略。本书的篇章结构安排如下:

第一章,从当代灾害风险的特征出发,引出城市灾害系统耦合度日益增强的当代,灾害后果的复杂性和严重性,级联灾害风险评估及其防范给公共安全与应急管理工作带来的巨大挑战。并对近年来,国内外对于级联灾害风险应对所做的探索与实践进行了介绍。

第二章,辨析了灾害风险和级联灾害的相关概念;介绍了支持本研究开展的区域灾害系统论、公共安全三角形理论、环境风险全过程理论、突发事件连锁反应机理、重大灾害损失统计制度等主要理论;从级联灾害事件相关研究焦点、灾害风险评估范式和灾害情景的构建与应对三大方面,对国内外相关研究进行综述分析。本部分在借鉴前人研究成果的同时辩证地看待其中存在的不足,在此基础上,进一步明确本研究的出发点。

第三章,聚焦于当代灾害情景复杂性的研究,分析了灾害损失风险的时空尺度效应、灾害后果形式和演化趋势的复杂性特征,基于对近20年中国发生的 Natech 灾害案例的梳理,研究了自然灾害与事故灾难之间关联关系的统计特征,基于汶川地震新闻报道进行实证分析,说明了灾害情景演化过程中应对措施的时空变化。从而明确了本研究目标实现需要满足的具体需求,针对研究目标及该需求,提出了级联灾害风险分析和应对的概念框架。

第四章,主要围绕构成城市区域灾害系统的承灾体及其关联特征展开研究。首先,以承灾体为核心,提出具有适应性的区域承灾体分层表示及融合方法;其次,分析了影响灾害损失风险水平的承灾体基本特征,定义了承灾体的灾害演化属性,以风险控制和灾害损失最小化为基本原则,划分承灾体状态,分析不同状态的演化模式,并探讨承灾体状态演化路线的确定方法;再者,针对构成区域的关键承灾体,分析承灾体与土地利用对应关系,并依托土地利用类型这一中间变量,研究关键承灾体(建筑环境和人口)在区域空间上的分布特征;最后,从既成后果的角度,重点考虑承灾体灾害演化属性,提出了承灾体影响拓扑关联的定义,研究承灾体之间影响拓扑关联的确定及表示方法。

第五章,主要研究能够反映灾害情景演化路径及有利于风险识别和防范的区域模型构建问题。首先,基于情景分析需求明确区域模型的形式及其构成要素;其次,基于承灾体空间分布特征和灾害演化属性,以承灾体及其影响拓扑关联为核心,构建承灾体影响拓扑关联网络模型以表征目标区域;最后,设计实例对如何运用区域承灾体网络模型进行风险分析进行说明。

第六章,主要研究区域灾害情景演化模型的构建及其仿真模拟的实现。首先,分析了灾害情景各阶段与灾害损失风险之间的对应关系;其次,构建网络结构上的灾害情景演化动力学模型,针对模型设计仿真流程,最后,以地震及其次生事件为例,进行多组仿真模拟,分别从承灾体状态变化趋势、区域危险性释放情况、区域次生危险性区划以及灾害后果的演化路径等多个角度对各组仿真结果进行对比分析,以风险控制及灾害损失最小化为原则,探讨了级联灾害的情景—应对策略。

最后,对本研究的研究工作进行总结,并对未来需进一步开展的研究方向进行展望。

第二章 级联灾害风险分析的相关理论基础

第一节 灾害风险与级联灾害

一、灾害风险的概念

"风险"（Risk）源于西班牙航海术语，本意指冒险和危险。我国春秋战国时期的《道德经》中记载"其安易持，其未兆易谋。其脆易泮，其微易散。为之于未有，治之于未乱"也已经有了风险管理的思想。① 可以说，学术界不同领域的学者及重要组织对风险的研究也由来已久，由于各自学科背景和研究角度的不同，对风险有着不同的理解和定义。

在牛津词典中，将风险定义为人员伤亡、财产损失以及环境破坏等发生的可能；保险领域视风险为损失的可能性；自然灾害领域也会将人们在危险事件中的暴露视为风险等；我国学者黄崇福将风险定义为是与某种不利事件有关的一种未来情景；联合国大学环境与人类安全研究所的

---

① 参见黄崇福、刘安林、王野：《灾害风险基本定义的探讨》，《自然灾害学报》2010 年第 6 期。

Katharina Thywissen[1] 以及美国联邦应急管理局的 B. Wayne Blanchard[2]
总结的应急管理相关概念和定义中,较有影响力的风险定义也有 20 余
种。其中,关于灾害风险的研究已有很多,但从所研究涉及的突发事件类
型来看,仅有少部分是适应四大类突发事件的,绝大部分集中在自然灾
害。并且在自然灾害类的研究里,大部分是针对具体的灾种展开。从研
究思路上看,主要是围绕三个角度展开:事件发生的可能性(关注于事件
本身的等级、发生频率、影响范围等)[3]、脆弱性(关注于致灾因子作用下
承灾体承受不利影响的能力)[4]以及期望损失(关注于某种危险因素导致
的损失的期望值)。[5] 此外,针对不同角度对灾害风险的认识,也形成了
差异性的概念类公式,比如"灾害风险=危险性×脆弱性","灾害风险=f
(致灾因子,暴露性,脆弱性)","灾害风险=致灾因子×脆弱性×承灾体
价值","灾害风险=概率×损失"等。分析发现,在上述灾害风险的定
义中涉及最多的有致灾因子、脆弱性、暴露性、损失、概率等要素,并且
脆弱性、暴露性、损失均与承灾体相关,其共性都体现了"未来""不确

---

① Cf. Thywissen K., "Components of Risk: A Comparative Glossary", *UNU-EHS*, 2006.

② Cf. Blanchard, B. Wayne, "Guide to Emergency Management and Related Terms, Definitions, Concepts, Acronyms, Organizations, Programs, Guidance, Executive Orders & Legislation: A tutorial on Emergency Management, Broadly Defined, Past and Present." *United States. Federal Emergency Management Agency*. United States. Federal Emergency Management Agency, 2008.

③ Cf. Blanchard, B. Wayne, "Guide to Emergency Management and Related Terms, Definitions, Concepts, Acronyms, Organizations, Programs, Guidance, Executive Orders & Legislation: A Tutorial on Emergency Management, Broadly Defined, Past and Present." *United States. Federal Emergency Management Agency*. United States. Federal Emergency Management Agency, 2008; Alwang J, Siegel P B, Jorgensen S L., "Vulnerability: a View from Different Disciplines". *Social protection discussion paper series*, 2001.

④ Cf. Yodmani S., "Disaster Risk Management and Vulnerability Reduction: Protecting the Poor". *ADP Center*, 2001; Birkmann J., "Risk and Vulnerability Indicators at Different Scales: Applicability, Usefulness and Policy Implications," *Environmental Hazards*, 2007, 7(1), pp.20-31.

⑤ Cf. Schneiderbauer S, Ehrlich D., "Risk, Hazard and People's Vulnerability to Natural Hazards: A Review of Definitions, Concepts and Data", *European Commission Joint Research Centre*. EUR, 2004, p.40.

定性"等特征。

二、级联灾害概念及特征

在自然—社会—技术系统的交互性和复杂性不断增强的背景下,相对于一般的灾害风险概念,级联灾害风险更关注于灾害过程中可能导致灾情放大的升级点(Escalation Point)。级联灾害风险作为一种系统性风险,是物理因素和社会因素相互作用下的结果,且社会脆弱性往往是导致级联灾害链上升级点形成的根源。①

随着对灾害风险关注度的提升,目前各种单一突发事件风险的研究较为常见,而且已经取得了一定的成果。然而,现实区域中的灾害往往受到多种致灾因子的共同影响的结果,单灾种风险评估并不足以反映一地区的综合风险,多灾种风险得到了越来越多研究者的关注。并且在2011年东日本大地震发生后,级联灾害逐渐成为灾害治理领域的热点,其演化机理和风险防范机制相关研究开始被各国际组织和学者所关注。② 目前,针对级联灾害已经有一些初步定义,虽然尚未达成一致,但在内涵的理解上也存在一定的共识。

May 较早对级联灾害的相关概念进行了阐释,从级联灾害产生的环境出发,将级联灾害看作是一个动态的系统,其分支树结构源于一个主要事件。③ 并通过多米诺骨牌效应对级联灾害的发生进行了类比:第一张多米诺骨牌被推翻,会触发后续一系列多米诺骨牌的全面溃败,直至结束。而倒下的多米诺骨牌可能形成分支网络,每个分支都可以被看作一

---

① Cf.Alexander D.,"A Magnitude Scale for Cascading Disasters,"*International Journal of Disaster Risk Reduction*,2018,30,pp.180–185.

② 参见张惠、景思梦:《认识级联灾害:解释框架与弹性构建》,《风险灾害危机研究》2019 年第 2 期。

③ Cf.May F.,"Cascading Disaster Models in Postburn Flash Flood",*The Fire Environment-innovations*,*Management*,*and Policy*;*Conference Proceedings*, 2007,pp.443–464.

个新的灾难,并且可能与主要事件相分离,从而产生新的危害性。[1] 此外,May 也对 FEMA 颁布的相关文件中对级联灾害的描述进行了总结,其中 2006 年版应急管理准则(Principles of Emergency Management)学习文档中,将级联事件定义为作为初始事件的直接或间接结果发生的事件。例如,如果一场山洪中断了一个地区的电力供应,而由于电力故障,又发生了涉及危险物质泄漏的严重交通事故,这起交通事故就是一个级联事件。如果由于有害物质泄漏,一个社区必须疏散,当地河流受到污染,这些也是级联事件。综合起来,级联事件会在一定区域内造成非常严重的影响。

MATRIX 项目(EU-FP7 Project)将级联事件看作是由于原始事件导致的一系列不可预见的相关联现象组成的事件链。[2] 这些相关联现象通常被可视化为树状结构,也就是所谓的"事件树"(它是一种归纳推理分析方法,按照事件发生的时序逻辑由初始事件开始推论后续可能的后果,从而进行危险源辨识)。事件树的每个分支都是由连续事件构成的,且这些事件之间存在因果关系。级联灾害事件树结构如图 2-1 所示。

SnowBall 项目中,将级联事件定义为同一时间线上具有因果关系特征的事件序列(图 2-2A.),如地震导致滑坡,滑坡致使建筑物被掩埋,造成人员伤亡;或同一触发事件导致的交互时间线上的并行事件序列(图 2-2B.),如洪水可以分别造成电力中断和道路中断,这两者都可能影响同一家医院的运作。时间线上的这些事件可以是自然灾害(地震、滑坡、海啸、火山爆发、洪水等)、人为灾害(技术灾害、火灾、恐怖袭击等),或暴

---

① 　参见张惠、景思梦:《认识级联灾害:解释框架与弹性构建》,《风险灾害危机研究》2019 年第 2 期。

② 　Cf. Gasparini P. & Garcia-Aristizabal A., " Seismic Risk Assessment, Cascading Effects," *Encyclopedia of Earthquake Engineering*, *SpringerReference*, 2014, pp. 1 – 20; Marzocchi W., Garcia-Aristizabal A.& Gasparini P.et al., "Basic Principles of Multi-risk Assessment:A Case Study in Italy," *Natural Hazards*, 2012, 62(2), pp.551-573.

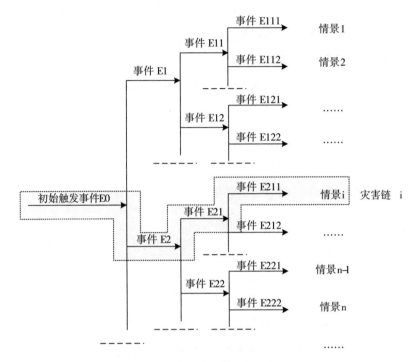

图 2-1　级联灾害事件树结构示意图

露承灾体的受损状况。① 而级联效应则囊括了整个灾害场景的时间线，包括级联事件、级联事件中受损承灾体呈现的灾害后果等。

目前，级联灾害风险相关研究文献中，引证最多、认可度较高的是 Alexander 和 Pescaroli 对于级联效应和级联灾害的定义。② 他们认为级联效应是灾害中出现的动态现象，即受到某一自然因素或初始技术或人为故障的影响，人类子系统中随即产生一系列事件，导致社会或经济中断，

---

① Cf.Zuccaro G.，De Gregorio D.& Leone M.F.，"Theoretical model for Cascading Effects Analyses，"*International Journal of Disaster Risk Reduction*，2018，30，pp.199-215.

② Cf.Pescaroli G.& Alexander D.，"A Definition of Cascading Disasters and Cascading Effects：Going Beyond the"Toppling Dominos"Metaphor，"*Planet@ risk*，2015，3（1），pp.58-67；Pescaroli G. & Alexander D.，"Understanding Compound, Interconnected, Interacting, and Cascading Risks：A Holistic Framework，"*Risk Analysis*，2018，38（11），pp.2245-2257.

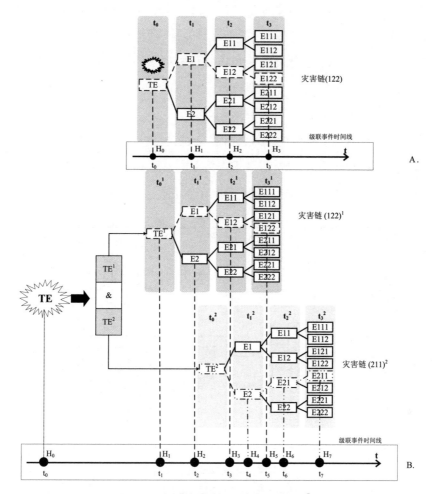

图 2-2　级联灾害事件时间线示意图①

（A.为初始触发事件导致的单事件树形式级联灾害；B.为同一初始触发事件导致的双事件树形
　式级联灾害）

最终导致重大的后果的现象。级联效应是复杂和多维的，并随着时间不
断演变，更多地与脆弱性程度有关，而不仅是致灾因子强度。如果脆弱之

① Cf.Zuccaro G.，De Gregorio D.& Leone M.F.，"Theoretical Model for Cascading Effects Analyses，"*International Journal of Disaster Risk Reduction*，2018，30，pp.199−215.

处在系统中广泛存在,或者在子系统中没有得到适当处理,即使危险性较低的致灾因子也可能会触发广泛的连锁效应,造成严重的灾害后果。正是由于这些原因,防范级联效应可以尝试去将事件链中的各个元素相隔离。此外,特别需要指出的是级联效应也可能与灾害的次生或隐形效应产生或存在相互作用。

该观点阐释了级联的多维性和复杂性,指出可能产生级联效应的各种可能失效情形是综合的,需要重点关注连锁的进程和量级,并根据级联效应的显著程度将其划分为 M0—M5 6 个层次,如图 2-3 所示。

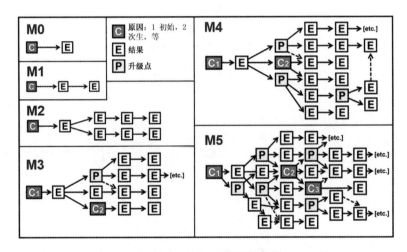

图 2-3 级联效应量级图解①

由于级联描述的是一种灾害后果在时间和空间上的传播机制,其中脆弱性是至关重要的。根据连锁量级的差异,进一步对级联灾害进行了界定。级联灾害是由于灾害的级联效应在时间和空间上累积,生成一系列影响剧烈的次生突发事件,而最终形成的极端事件。这些次生事件的灾害后果至少和初始事件导致的灾害影响一样严重,并且会将灾害

---

① Cf.Alexander D., "A Magnitude Scale for Cascading Disasters," *International Journal of Disaster Risk Reduction*, 2018, 30, pp.180-185.

影响的整体持续时间拉长。后续的这些意想不到的危机事件，可能由于物理结构和依赖于这些结构的社会功能的失效而加剧，包括关键设施受损，或诸如疏散程序、土地使用规划、应急管理战略等减灾战略的不足等。在级联灾害中，一个或多个次生事件可以被识别出来，并可以与最初的灾害源区分开来。级联灾害的产生往往凸显了人类社会尚未解决的脆弱性，有效的辨识和降低这些脆弱性是综合防灾减灾、防范级联灾害风险的关键。

　　综合上述关于级联灾害概念及其内涵的理解，可以将级联灾害的特征归纳为以下几个方面：级联灾害是一种典型的复合灾害事件；构成级联灾害的事件之间一般存在着因果关系（cause/effect relationship）；级联灾害中的次生事件的灾害后果的严重程度和影响范围往往会超越初始事件本身；造成级联灾害的本质是区域灾害系统的脆弱性。

　　鉴于级联灾害的起因可能是各种类型的事件、可能发生在任何地点，造成的严重灾害后果可能会远超初始事件本身。而且由于此类事件的多样性、小概率特征，即使相同的初始事件发生在不同的城市区域，灾害情景和应对方案也不能一概而论，往往与事件发生区域的环境脆弱性特征（承灾体的类型、数量、分布及关联程度等）及应急响应的水平密切相关。而且在灾害系统中一些原生致灾因子往往是不可控性最强的因素，即使不能阻止所有事件的发生，但是却可以通过灾害情景模拟分析灾情发展态势，来采取有效的应对和预防措施，如合理的应对形式、应急任务优先级、资源调度等，应对既成后果、降低次生灾害发生的可能，避免因级联灾害风险形成而导致的灾情扩大和升级。"属地管理为主"是我国应急管理体制建设的基本原则之一，而只有基于区域特征的级联灾害情景模拟，才能更好地为事发地的决策者提供有效的级联灾害风险防范决策支持。

第二节　相关理论简述

一、区域灾害系统论

灾害系统论强调灾害损失是灾害系统各要素相互作用的结果。Burto 等人所著"The Environment as Hazrad"①一文以及 Wisner 等人所著 *At Risk*，*Natural Hazards*，*People's Vulnerability and Disasters* 一书②中阐述了对灾害系统的理解，前者从人类行为的角度系统地分析资源开发与自然灾害的关系，后者强调自然致灾因子和社会、政治和经济环境的复合作用，分析由自然事件转化为人类灾难的因果关系。这两本著作被誉为国际灾害系统论研究的核心著作。③

在我国，较为有影响力的是北京师范大学史培军教授所提出的区域灾害系统论，他指出区域灾害系统是由致灾因子、孕灾环境与承灾体共同组成的系统结构体系，以及由致灾因子危险性、孕灾环境不稳定性和承灾体脆弱性共同组成的系统功能体系，灾情是这个系统中各子系统相互作用的产物。④ 在一个特定的孕灾环境条件下，致灾因子和承灾体之间的相互作用功能，集中体现在区域灾害系统中致灾因子危险性与承灾体脆弱性和可恢复性之间的相互转换机制方面。

其中，孕灾环境是指孕育产生致灾因子的环境系统，是自然环境和人文环境共同构成的综合地球表层系统。在自然环境中，又可划分为大气

---

① Cf.Burton I.，Kates R.W.，White G.F.，"The Environment as Hazrad"，1993.

② Cf.Blaikie P，Cannon T，Davis I，et al.，*At Risk*：*Natural Hazards*，*People's Vulnerability and Disasters*，London：Routledge，1994.

③ 参见史培军：《再论灾害研究的理论与实践》，《自然灾害学报》1996 年第 4 期。

④ 参见史培军：《三论灾害研究的理论与实践》，《自然灾害学报》2002 年第 3 期。

圈、水圈、岩石圈、生物圈,人为环境则可划分为人类圈和技术圈。孕灾环境具有地带性或非地带性,波动性与突变性,渐变性和趋向性。

致灾因子是指可能造成财产损失、人员伤亡、环境破坏或社会系统混乱的孕灾环境中的异变因子,包括地震、台风等自然致灾因子,战争、动乱等人为致灾因子,也包括全球气候变化、荒漠化等环境致灾因子。

承灾体是致灾因子作用的对象,是人类及其活动所在的社会与各种资源的集合,包括人类本身、人类生存的建筑环境以及各类自然资源。

孕灾环境内的承灾体受到致灾因子影响产生的灾害后果即为灾情,包括人员伤亡及心理创伤,建筑物破坏,生态环境和资源破坏,直接经济损失和间接经济损失等。

也有学者将致灾因子与孕灾环境看作是一个问题的不同方面,均归纳为环境体系,而把承灾体又细分为人类系统与其形成的结构系统。[①]区域灾害系统论,重点在于探讨地球表层系统的致灾机理,往往不考虑人为干预因素在灾情形成过程中的影响。

二、突发事件连锁反应机理

基于灾害系统论,荣莉莉教授课题组对突发事件连锁反应机理进行了较为系统的研究,包括单一事件的发生机理以及事件之间的连锁反应机理,并将突发事件连锁反应定义为,在区域环境内,一个突发事件的发生导致或触发了另一个或多个不同事件的发生;这些事件在时间和空间上进行传播扩散,产生比单一事件更大的危害。[②] 突发事件连锁反应导致的结果,则体现为灾害链的形成。可以说,突发事件的连锁反应机理阐

---

① Cf.Mileti D., Disasters by Design：*A Reassessment of Natural Hazards in the United States*，Joseph Henry Press，1999.

② 参见张继永：《基于孕灾环境的突发事件连锁反应模型研究》,大连理工大学硕士学位论文,2010 年；荣莉莉、张荣：《基于离散 Hopfield 神经网络的突发事件连锁反应路径推演模型》,《大连理工大学学报》2013 年第 4 期。

述的就是灾害链形成的过程。

以灾害系统论为依据,单一事件的发生是致灾因子危险性、孕灾环境稳定性和承灾体脆弱性综合作用的结果,无论是先发事件还是后发事件,都要满足一个事件的发生机理。① 突发事件 A 发生后可能引发次生事件 B 的连锁反应逻辑流程如图 2-4 所示。

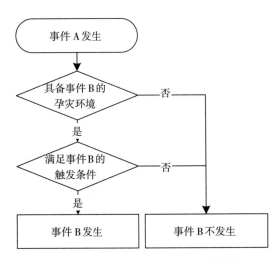

图 2-4 突发事件连锁反应逻辑流程图

始发事件与次生事件之间能否产生连锁需要满足以下两个匹配条件:

(1)孕灾环境匹配,即当前区域环境内具备次生事件的孕灾环境;

(2)触发条件匹配,即始发事件发生后,区域环境状态改变后满足次生事件发生所需要的触发条件。

该机理将灾害后果的产生来源归结于两个方面,一类是事件本身,另一类是该事件所引发的新的事件(次生或衍生事件)。新的事件可能是

---

① 参见荣莉莉、谭华:《基于孕灾环境的突发事件连锁反应模型》,《系统工程》2012年第 7 期。

是单一因素引发的,也可能是多个因素耦合引发的,从发生机理上,都属于一个事件引发了另一个事件,都可称为连锁反应。

在此基础上,构建了包含点、链、网、超网络的突发事件连锁反应框架。① 该框架第一层表示的是单个事件的演化模式,第二—四层则反映了突发事件之间的连锁反应模式。

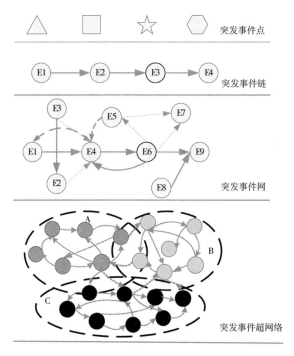

图2-5　突发事件四层演化模式

其中,突发事件点式传播,是指其只有自身的演化,不引起其他事件的发生,如矿难、空难事故等。突发事件链式演化,是指一个突发事件启动(触发)另一个突发事件的现象,是在一定的时空条件下,突发事件相继触发而形成的链式结构。而链式结构是指某些存在触发条件的突发事

---

① 参见荣莉莉、张继永:《突发事件的不同演化模式研究》,《自然灾害学报》2012年第3期。

件之间,由一事件触发与其相关的事件,依次相继发生其他突发事件而形成的单一灾害链。这类演化模式的最大特点是相继发生,前一事件为后一事件发生的原因。突发事件网状演化是指突发事件通过孕灾环境相连而形成的网络,网络节点是突发事件。这种演化模式刻画了在区域环境中,一个突发事件的发生,不仅能被多个事件所触发,而且其可能引发多个其他突发事件的发生,即多条突发事件链条交叉到一起,从而形成网络的现象。将常见的突发事件网状演化模式划分为两类,一类是孕灾环境本身就是网络,同一或同类突发事件在相互关联的基础设施或环境内以网络的形式进行蔓延、传播和转化,其网络的结构即为现实设施的拓扑结构;另一种是孕灾环境本身不是网络,但构成了不同突发事件相互触发的条件,形成了突发事件的网络。而突发事件超网络演化模式,是一种更为复杂的突发事件网络演化模式。它与突发事件网络的根本区别在于,除了事件以不同网络形式存在外,其孕灾环境也以不同的网络形式存在,并且事件网络与孕灾环境的网络之间相互影响,形成突发事件超网络结构。

三、环境风险全过程理论

区域性是级联灾害风险最显著的特征之一,与初始事件发生的环境密切相关。毕军等在区域环境风险系统分析的基础之上,首次提出了环境风险场概念,从"风险场"角度探讨了环境风险的发生发展规律。① 该理论框架中,环境风险被定义为环境风险事件发生及造成损失的可能性和不确定性,是技术系统中的风险因子作用于受体,对受体造成一定的损害,是风险源(可能的因子)的数量、控制机制的状态、受体价值和脆弱性以及人类社会的防范能力、人类的管理和政策水平等主要因素综合作用

---

① 参见毕军、杨洁、李其亮:《区域环境风险分析和管理》,中国环境科学出版社 2006年版。

的产物。

该理论指出,形成环境风险必须具有以下条件:存在诱发风险的因子(风险源)及其形成危害的条件;风险因子影响范围有人、有价值物体、自然环境等重点保护目标(受体)。从系统论的观点来看,风险源、控制机制、受体之间相互作用、相互影响、相互联系,形成了一个具有一定结构、功能、特征的复杂环境风险系统。环境风险事件的发生,就是该系统中各个部分依次发生作用的结果,大体包含三个基本过程:风险因子释放过程,即环境风险源的形成及环境风险因子的释放;风险因子转运过程,即环境风险因子在环境空间中经一系列过程形成特定的时空分布格局;风险受体暴露及受损过程,即环境空间中的风险因子损害某种风险受体。环境风险系统与风险过程的关系,如图2-6所示。

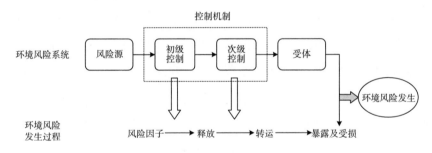

图2-6 风险环境系统与风险过程的关系

通过环境风险事件发生的三个过程的分析可见,风险因子在环境空间中形成某种分布格局是风险危害发生的前提,该理论将这种分布格局称为"风险场"。风险场的区域性体现为异质性和均质性两方面的特征,其中,异质性反映了环境风险在不同区域之间、同一区域内部及同一区域的不同时间区间之间的差异;同质性则是指不同区域之间相互比较时,某一区域内环境风险类型的相对一致。区域环境风险的异质性是绝对的,同质性是相对的。区域环境异质化过程的影响因素十分复杂,包括自然、社会、经济等多个方面,如区域自然特征的异质化、区域社会特征的异质化及区域经济特征的异质化等。正是这些因素的异质化才造成了环境风险的差异,异质化过程的复杂性也给环境风险分析和管理带来了障碍。另外,对同质性的正确认识,也有利于环境风险管理策略的制定,做到资源的合理优化配置。

从风险场的形成过程来看,往往会出现时空上的累积性效应,这种累积效应可能是由于次生效应、时滞效应和放大效应单独或组合作用的结果。其中,风险事件的次生效应是指风险事件发生后可能会带来一次、二次或高次效应,该效应的存在会延长环境风险危害的时空范围,其影响是全方位、多层次的。并指出,从某种程度上看,高次效应的后果往往会大于一次效应的损失,因此,高次效应的研究十分重要和迫切。由于自然、社会及经济系统的复杂性,系统内部要素对风险干扰的反应往往表现出时滞效应,主要表现为初始阶段风险后果的出现比风险场的形成滞后,而当环境风险场消失或者风险场降低到某一水平后,风险后果仍在一段时间内保持较高水平。放大效应是指随着时间的推移,一个"稳定风险场"可产生逐渐放大的效果。造成这种现象原因主要是由于前一时段的环境压力持续到下一个时段后产生了叠加效应,而且前一时段的环境压力可能已降低了风险受体的易损性阈值,从而使同样水平的压力能产生一个较大的风险后果。

毕军等还在风险场理论的基础上,进一步提出了涵盖"社会需求—风险源形成—风险因子释放与传播—受体暴露—风险损害后果"的环境风险全过程理论。[①] 社会需求是环境风险存在的根源,从社会需求到风险危害产生的整个过程中,诱发风险的原因在任何一个环节都可能存在。所以,风险管理的潜在节点可能存在于环境风险事件发生的任何环节,防

---

① 参见马宗伟、高越、毕军:《Natech 风险研究:现状、理论及展望》,《中国环境管理》2020 年第 2 期。

范环境风险事件的发生必须进行"全过程管理"。"全过程管理"又可分为两个基本阶段,即"前段管理"阶段和"末端管理"阶段。在风险因子释放之前采取的手段可称为"前段管理",包括两个目标:第一,在风险活动实施之前,适当调整区域内社会和个体的需求和行为方式,以减少较大风险活动的出现;第二,在风险因子产生之前,对潜在环境风险源的初级控制机制进行有效的管理,以减小风险因子释放的可能性和释放规模。在风险因子释放之后采取的手段称为"末端管理",同样包括两个目标:第一,在风险因子释放之后,采取相应的手段控制环境风险的形成过程,降低风险因子的危害和受体的暴露水平,减少环境风险因子与受体空间重叠的可能性和程度;第二,在风险危害发生之后,采取应急方案,最大限度地减少风险损失。"全过程管理"策略的制定,必须建立在区域环境风险全过程分析的基础上。并以"区域风险最小化"为目标,提出风险管理者不能把注意力集中在单一的风险事件、单一的时空尺度上,实施静态的、离散的风险管理策略,应建立一种全新的总的风险管理战略,即从更广泛的时间、空间上对区域环境风险进行动态、多组分的、多策略的管理和控制。

四、公共安全三角形理论

与区域灾害系统论不同,范维澄院士等提出的公共安全三角形理论框架(3+1)[1]更多地赋予灾害以"可管理性"的特质[2],即针对突发事件的应急管理。该框架中三角形的三条边分别代表灾害事故本身(突发事件),突发事件作用的对象(承灾载体)以及采取应对措施的过程(应急管理),贯穿这三者则是灾害要素(物质、能量和信息),强调公共安全体系

---

① 参见范维澄、刘奕:《城市公共安全体系架构分析》,《城市管理与科技》2009年第5期。

② 参见陶鹏、童星:《灾害概念的再认识——兼论灾害社会科学研究流派及整合趋势》,《浙江大学学报(人文社会科学版)》2012年第2期。

的建设应综合考虑突发事件、承灾载体、应急管理三方面的属性特点,掌握三者间的联系和规律,分析突发事件的孕育、发生、发展到突变成灾的演化规律及其产生的风险作用。

其中,灾害要素是指导致突发事件发生的因素,本质上以物质、能量和信息三种形式客观存在的,当灾害要素超过一定的临界值或者遇到一定的触发条件,突发事件可能产生,未达到临界值或接触触发条件时,不会造成破坏。

突发事件是指由灾害要素导致的、具有较强破坏性并且已经或即将作用于承灾载体上的事件。通过对我国突发事件应对法对"突发事件"定义的分析指出,公共安全三角形理论里的"突发"并不是指灾害事故是在突然间发生的,而是指灾害要素突破临界值是在较短时间内发生的,具有"突发"的特点。突发事件的作用表现为物质作用、能量作用、信息作用和耦合作用四种形式,具有类型、强度和时空特性三方面属性,其发展演化具有一定的自身规律,适当的人为干预能够影响其演化过程。

该理论中承灾载体的概念与区域灾害系统论中的承灾体概念基本一致,一般包括人、物、系统(人与物及其功能共同组成的经济社会与自然系统)三方面。并将承灾载体在突发事件中的破坏表现形式归纳为本体破坏和功能破坏两种形式,其中,本体破坏指承灾载体在突发事件作用下发生的实体破坏,是最常见的破坏形式,功能破坏指由于突发事件的作用导致承灾载体原本具有的各种功能无法履行。承灾载体在突发事件作用下发生本体破坏的可能性和程度,通常用脆弱性来衡量,脆弱性越大的承灾载体越容易发生本体破坏,破坏程度也更严重;承灾载体在突发事件作用下发生功能破坏的可能性和程度,可以用鲁棒性来衡量,鲁棒性越强的承灾载体在突发事件作用下保有原有功能的能力越强。

该理论特别指出,承灾载体的破坏所导致的其蕴含的灾害要素被释放,是造成次生事件的必要条件,也是形成灾害链的基本原理。需要基于对承灾载体在突发事件产生的能量、物质和信息等作用下的状态及其变化,可能产生的本体和(或)功能破坏,及其可能发生的次生、衍生事件,对突发事件引发的事件链进行分析和把握。

应急管理是指可以预防突发事件发生或减轻突发事件灾害后果的各种人为干预手段,应急管理的本质是管理灾害要素及其演化与作用过程。应急管理必须基于对突发事件和承灾载体的综合分析来实施,包括可能发生的突发事件特点和规律、承灾载体的特征和布局,突发事件作用机理和承灾载体的脆弱性和鲁棒性,即将发生或已经发生的突发事件发展态势,应急能力和资源等。

该理论站在应急管理的视角,指出除了需要对灾害系统本身有清晰的理解,认识和掌握突发事件致灾机理,与此同时,也更应该关注此过程中人为干预的重要作用,通过在不同的阶段、针对不同的对象,采取恰当的应对措施,才能达到降低成灾风险、减轻灾害损失的目的。

五、重大灾害损失统计制度

重大突发事件往往造成严重的灾害后果,虽然灾害严重程度通常以人员伤亡数量和财产损失价值等数值的大小来衡量,如 2008 年汶川地震造成 69227 人死亡,17923 人失踪,374643 人受伤,地震造成直接经济损失 8523 亿元;2013 青岛输油管道爆炸事件,造成 62 人死亡、136 人受伤,直接经济损失 7.5 亿元。但在应急决策及响应的过程中,决策者面临的是已经造成或即将造成的具体损失,上述概括性指标不能满足灾害损失综合评估及灾后恢复和重建规划的需求。目前,国际上诸多国家和组织针对重大灾害损失评估开发了较为细化的评估标准,较为知名的有美国联邦应急管理署(FEMA)的 HAZUS-MH 系统、澳大利亚应急管理署(EMA)的 EMA-DLA 系统、联合国拉丁美洲和加勒比海经社理事会的 ECLAC 系统、国际复兴开发银行和世界银行联合发布的 DaLA 系统、联合国开发计划署牵头组织的灾害需求评估系统 PDNA 等。① 分析各评估系统的损失统计对象可以发现,其均以受灾害影响的承灾体为核心来设计评估内容与评估指标,如表 2-1 所示,HAZUS-MH 涵盖 9 大领域 14 小

表 2-1　国际灾害损失评估体系内容对比

HAZUS-MH	EMA-DLA	ECLAC	Da LA	PDNA
9 大领域 14 小类	3 大领域 15 小类	4 大领域 15 小类	3 大领域 11 小类	6 大领域 23 小类
◆房屋建筑(结构、用途) ◆重要基础设施和高潜在损失设施 ◆交通系统 ◆生命线系统(供排水、油气、电力和通信) ◆农产品 ◆交通工具 ◆危化品 ◆间接经济损失	◆直接损失(房屋、基础设施和农业,其中房屋又分为住宅、商用房屋、公共建筑及资产等 3 大类 5 小类) ◆不可衡量的直接损失(人员伤亡(含心理健康)、生活质量、纪念物、文化遗产、环境 5 大类 5 小类) ◆间接损失(商业中断损失、交通中断损失、农业损失、救灾损失等 5 大类 5 小类)	◆社会领域(受灾人口、房屋与人居环境、教育与文化、卫生) ◆基础设施领域(能源、供排水、交通和通信) ◆经济领域(农业、工商业、旅游业) ◆灾害整体影响领域(环境、灾害对妇女的影响、灾害总体破坏、宏观经济效应、就业与收入)	◆社会部门(住房、教育、医疗卫生、个人和家庭收入) ◆生产部门(农业、工业、商业和旅游业) ◆基础设施部门(供水和卫生、供电、运输与通信)	◆社会领域(房屋、卫生与人口、营养与食品、教育、文化遗产) ◆生产领域(农业、水利、商业和工业、旅游、财政部门) ◆基础设施领域(电力、通信、社区基础设施、交通、供排水与卫生) ◆跨部门领域(政府管理、减轻灾害风险、环境与农业、就业与升级、社会保障、性别平等与社会融入) ◆贫困与人类发展 ◆宏观经济影响

---

① 参见王曦、周洪建:《特别重大自然灾害损失统计内容的国际比较(三)——基于国外知名 HAZUS-MH、EMA-DLA、ECLAC 系统的分析》,《中国减灾》2018 年第 15 期;王曦、周洪建:《特别重大自然灾害损失统计内容的国际比较(一)——基于 DaLA 系统的分析》,《中国减灾》2018 年第 3 期;周洪建、王曦:《特别重大自然灾害损失统计内容的国际比较研究(二)——基于国外知名 PDNA 系统的分析》,《中国减灾》2018 年第 11 期。

类,EMA-DLA 包括 3 大领域 15 小类,ECLAC 则划分为 4 大领域 15 小类,DaLA 包括 3 大领域 11 小类,PDNA 则细化为 6 大领域 23 小类。

为更好地符合中国重大自然灾害后果的特征,指导政府和相关组织部门进行灾后损失、应急响应和恢复重建需求的估计,2014 年 6 月,国家民政部、减灾委和统计局联合颁布了《特别重大自然灾害损失统计制度》。① 该制度与现有国家标准保持一致,经历了多次特重大灾害的实践检验完善,充分吸收了相关部门的意见和建议,从国家制度层面规定了灾害损失统计应该关注的内容和指标,这是我国特别重大自然灾害损失统计工作的首部规章制度。

该制度与自然灾害承灾体分类标准相衔接。国家标准《自然灾害承灾体分类域代码》中将承灾体主要分为人、财产和资源与环境是 3 个门类。《特别重大自然灾害损失统计制度》报表设计紧扣该分类体系,尤其是在财产门类中房屋、基础设施公共服务设施损失报表的设计方面。该制度与重大自然灾害灾后恢复重建规划相衔接。充分考虑汶川、玉树、舟曲、芦山等地震灾后恢复重建总体规划中,对灾后经济社会恢复与基础设施、公共服务功能重建的需求。该制度与国民经济行业分类标准相衔接。以国民经济行业分类标准为依据,将各个行业分别归入相应的损失统计门类,第一产业主要对应农业损失,第二产业主要对应工业损失以及基础设施中的能源、市政、农村地区生活设施,第三产业主要对应服务业损失,包括基础设施中的交通运输、通信、水利、市政等,公共服务中的医疗卫生、社会管理等,以及资源与环境。②

综合上述设计原则,《特别重大自然灾害损失统计制度》中所囊括的

---

① 参见《应急管理部关于印发〈自然灾害情况统计调查制度〉和〈特别重大自然灾害损失统计调查制度〉的通知》,中国政府网 2020 年 3 月 8 日,http://www.gov.cn/zhengce/zhengceku/2020-03/24/content_5494878.htm。

② 参见《〈特别重大自然灾害损失统计制度〉解读(二)——报表与指标设计》,《中国减灾》2014 年第 21 期。

损失统计范围包括受灾人员、居民住宅用房、非住宅用房、家庭财产、农业、工业、服务业、基础设施、公共服务系统、资源与环境 10 项具体内容，每一项又有具体的划分，如基础设施统计时又细分为交通运输、通信、能源、水利、市政、农村地区生活设施、地质灾害防治设施等。不难看出，上述范围所涉及的对象，几乎涵盖了区域中的所有承灾体类型，更符合具有多灾种、灾害链特征的重大灾害损失的特征。[①] 而其中针对每类对象统计的具体指标，则是承灾体在突发事件作用下最终产生的灾害后果，以人口为例，包括因灾死亡、因灾失踪、因灾伤病、需紧急转移、需过渡性救助等，以居住建筑为例，先按照房屋的承重结构对其进行分类，每一类再按照房屋受损的严重程度：倒塌、严重损坏、一般损坏分别统计。

虽然该制度是指导重大自然灾害灾后统计的，但是其中所涉及的各类承灾体及其灾害后果，却也是灾害发生之前风险评估、防灾减灾措施制定需重点关注的对象，且考虑了多灾种、灾害链现象。因此，在研究中国级联灾害风险时，可将其作为构建灾害发生时应急响应所面临的复杂灾害情景的依据。

第三节　国内外研究进展

本书聚焦级联灾害情景下的风险评估、预警与防范问题，认为区域环境特征是影响级联灾害发生、发展情景多样性和制定有效防范措施的重要因素。因此，本研究站在适应区域环境特征的角度，主要从级联灾害事件基本概念和研究热点、灾害风险评估范式、灾害情景构建与推演 3 个方

---

① 参见周洪建、王丹丹、袁艺等：《中国特别重大自然灾害损失统计的最新进展——〈特别重大自然灾害损失统计制度〉解析》，《地球科学进展》2015 年第 5 期。

面对国内外相关研究的现状和趋势进行了综述分析。

一、级联灾害事件相关研究

目前,国内与级联灾害直接相关的研究仍比较少,但可以从类似"灾害链""灾害连锁反应""级联故障"等相关的研究中窥视国内的研究进展,国际上主要以 Alexander、Pescaroli、Gill 等人 2015—2018 年的关于级联灾害的系列研究为代表,且越来越受到公共安全与应急管理领域专家学者的重视。

从研究对象看,这些研究可以分为两类:一类是同质事件之中的级联故障现象,对这类问题有较多研究,以某类基础设施或相依基础设施系统上的级联失效为主。所提出的级联故障模型主要有负载—容量模型、CASCADE 模型、沙堆模型、ML 模型、HOT 模型、OPA 模型等[1],其中,负载—容量模型被运用得最为广泛,并都基本上围绕节点或边的初始负载、节点或边的容量以及负载重分机制这 3 点展开拓展。级联失效分析方法一般采用渗流理论、拓扑蔓延方法、生成函数、平均场方法等,通过解析出基础设施网络产生大规模失效故障的临界阈值或网络崩溃规模,度量网络系统的脆弱性或者鲁棒性。如 Buldyrev 提出了一个相互依存的双层网络上的级联失效模型,其中上下两层网络采用小世界与无标度网络,并利用生成函数方法对级联失效过程进行理论解析[2];Gao 建立了 n 层相互依赖网络渗流问题的理论分析模型,并给出了树形、星形和环形多层网络的理论解析结果[3],等等。

---

① Cf.Ouyang M.,Xu M.& Zhang C.et al.,"Mitigating Electric Power System Vulnerability to Worst-case Spatially Localized Attacks,"*Reliability Engineering & System Safety*,2017,165,pp.144-154;Korkali M.,Veneman J.G.& Tivnan B.F.et al.,"Reducing Cascading Failure Risk by Increasing Infrastructure Network Interdependence,"*Scientific Reports*,2017,7(1),pp.1-13.

② Cf. Buldyrev S.V.,Parshani R.& Paul G.et al.,"Catastrophic Cascade of Failures in Interdependent Networks,"*Nature*,2010,464(7291),pp.1025-1028.

③ Cf.Gao J.,Buldyrev S.V.& Stanley H.E.et al.,"Networks Formed From Interdependent Networks,"*Nature Physics*,2012,8(1),pp.40-48.

另一类是异质事件之间的连锁反应，关注的是不同突发事件之间的关联性和诱发因果关系。该类型的研究又可分为 3 个视角：

一是理论分析的视角，分析人类社会系统本身的复杂性、交互性和相互依赖性特征，构建研究的概念框架，阐述突发事件产生级联效应的原因和途径，强调级联灾害后果严重性及其对传统应急准备与响应带来的挑战。①

二是从全局的视角，基于统计、共现分析等方法，研究各种类型突发事件之间的相互作用关系。如 Gill 等按照灾害诱导因素的差异，将其分为由自然因素、人为过程和技术因素导致的三种类型的灾害，并分析了不同类型灾害之间的相互作用关系，包括触发、催化和阻抗，以 21 种具体突发事件为例，构建了致灾因子之间的相互作用网络②；Caroleo 等将致灾因子分为自然和技术两种类型，选择 11 种自然致灾因子和 5 种技术致灾因子，以 EM-DAT 为主要数据来源，分析 16 种致灾因子之间的触发关系，基于统计结果构建了 16×16 的致灾因子风险概率转移矩阵③；荣莉莉等以突发事件相关中文文献为数据源，采用共词分析法对各类突发事件进行共现分析，计算两两突发事件的共现率，通过共现率反映存在连锁反应的可能性，构建突发事件关联网络。④

另一种视角则是以某一典型历史灾害事件为原型，以该事件的初始

---

① 参见余瀚、王静爱、柴玫等：《灾害链灾情累积放大研究方法进展》，《地理科学进展》2014 年第 11 期；Helbing D.，"Globally Networked Risks and How to Respond," *Nature*，2013，497(7447)，pp.51-59。

② Cf.Gill J.C.& Malamud B.D.，"Hazard Interactions and Interaction Networks(cascades) within Multi-hazardmethodologies," *Earth System Dynamics*，2016,7(3)，pp.659-679.

③ Cf.Caroleo B.，Palumbo E.& Osella M.et al.，"A Knowledge-Based Multi-Criteria Decision Support System Encompassing Cascading Effects for Disaster Management," *International Journal of Information Technology & Decision Making*，2018,17(05)，pp.1469-1498.

④ 参见荣莉莉、蔡莹莹、王铎：《基于共现分析的我国突发事件关联研究》，《系统工程》2011 年第 6 期。

致灾因子为源点,分析其与引发的次生事件之间的关联或因果关系。如Helbing 等根据典型灾害案例,分别梳理了以地震、传染病、火灾等为原始事件的突发事件因果关系网络,在此基础上提出了灾害传播的因果网络模型构建方法[1];李勇建等根据地震案例库绘出非常规突发地震的发展演化图,基于系统动力学仿真研究了地震衍生的堰塞湖事件直链式发展演化过程[2];荣莉莉等提出了突发事件点、链、网、超网间的 4 层演化模式框架,基于此给出了雪灾引起的事件连锁反应结构模型。[3]

综上发现,目前同质事件之中的级联故障现象的研究成果较多,理论和方法也相对比较成熟,而异质事件之间的连锁反应的相关研究中大部分以概念和机理层面的研究为主,阐述突发事件产生级联效应的原因和途径,或基于历史灾害案例对灾害事件关联性进行统计分析,归纳灾害事件连锁的因果关系,强调级联灾害后果严重性及其对传统应急准备与响应带来的挑战。其中少部分以某一典型历史灾害事件为原型的研究中,基于灾害事件之间因果关联网络,通过构建动力学模型,探究灾害之间的演化过程。

二、灾害风险评估范式相关研究

灾害风险评估是管理者辨识和掌控灾害风险、辅助应急准备与响应决策的关键依据,是制定防灾减灾规划以达到降低或规避灾害风险的关键环节,目前已展开了广泛的研究,也取得了诸多研究成果,为级联灾害风险评估的开展奠定了一定的理论和方法基础。

---

① Cf. Helbing D, Ammoser H, Christian K.: *Disasters as Extreme Events and the Importance of Network Interactions for Disaster Response Managemen*, Extreme Events in Nature and Society. Springer Berlin Heidelberg, 2006, pp.319-428.

② 参见李勇建、乔晓娇、孙晓晨等:《基于系统动力学的突发事件演化模型》,《系统工程学报》2015 年第 3 期。

③ 参见荣莉莉、张继永:《突发事件的不同演化模式研究》,《自然灾害学报》2012 年第 3 期。

　　根据评估思路及评估结果的表现形式,可将其可归纳为 3 类:

　　第一种是概率式评估,视灾害发生概率为灾害风险,利用概率统计理论研究事件的统计特征,给出概率分布估计作为灾害风险的表征[①];或是在事件发生概率分布估计的基础上,结合"风险源强度—承灾体损失"历史数据,识别目标区域的脆弱性,耦合两者得到期望损失作为灾害风险的表征。[②] 该类方法适用于具有长期灾情记录的自然灾害事件,如旱涝、暴雨、台风等,对其发生概率和预期损失进行宏观分析。

　　第二种是建立指标体系进行风险区划,基于灾害风险影响维度分析建立多层次指标体系,选择相关统计数据对指标进行量化,然后采用多因子加权、熵组合权重法、模糊综合评判、人工神经网络或地理信息叠加法等方法计算相对风险值,进行风险区划。风险区划结果一般以两种呈现形式为主:一是以指标数据统计单元的行政范围为边界,如 DRI 计划以国家为单元对全球范围内的地震、热带气旋、洪水和干旱灾害风险评估[③];温泉沛等以省为单元对中国南方 12 省的洪涝灾害风险的评估。[④] 二是基于 GIS 划分网格,如 Hotspots 计划以 2.5km×2.5km 网格为基础单元对全球范围内的地震、火山、滑坡等 7 种自然灾害风险的评估[⑤],如 Liu 等以 1km×1km 网格为基础单元对青海省雪灾风险的评估[⑥],贺法法等以

　　① 参见杜鹃、汪明、史培军:《基于历史事件的暴雨洪涝灾害损失概率风险评估——以湖南省为例》,《应用基础与工程科学学报》2014 年第 5 期。

　　② 参见郭君、赵思健、黄崇福:《自然灾害概率风险的系统误差及校正研究》,《系统工程理论与实践》2017 年第 2 期。

　　③ Cf. Pelling M.: *Visions of Risk: A Review of International Indicators of Disaster Risk and Its Management*, University of London. King's College, 2004.

　　④ 参见温泉沛、霍治国、周月华等:《南方洪涝灾害综合风险评估》,《生态学杂志》2015 年第 10 期。

　　⑤ Cf. Pelling M.: *Visions of Risk: A Review of International Indicators of Disaster Risk and Its Management*, University of London. King's College, 2004.

　　⑥ Cf. Liu F., Mao X. & Zhang Y. et al., "Risk Analysis of Snow Disaster in the Pastoral Areas of the Qinghai-Tibet Plateau," *Journal of Geographical Sciences*, 2014, 24(3), pp.411-426.

30m×30m 网格为基础单元对武汉市江夏区豹澥社区内涝灾害风险的评估。① 评估粒度的精细程度,会受到资料来源和精度限制,评估粒度粗,不能真实地反映风险的空间差异特征,评估粒度细,数据资料往往难以获得,这就要求评价者必须要在数据需求、数据的转换和评价结果的解释能力之间做到合理的平衡。

第三种是基于情景模拟的风险分析方法,以一定历史灾害数据为基础,基于某种灾害构建情景及推演模型,在假定灾害事件的关键影响因素有可能发生作用的前提下,通过计算机模拟构造出未来灾害情景,并对事件发展态势进行分析,从而识别和评价风险。② 在常规突发事件的风险评估中,多用于城市暴雨内涝风险、城市台风风暴潮灾害风险等气象相关灾害。③ 该方法依赖于对事件发生、发展机理有深刻的认识,对区域基础数据和相关灾害历史数据资料的要求较高,但其可以打破事件之间的界线,根据事件发生发展的态势进行风险研判,更适用于级联灾害风险的评估与预警,也是技术发展、数据完备支持下的一种精细化、精准化的做法。④ 并且学者们普遍认为基于风险情景分析的评估方法是实现重大突发事件以及非常规突发事件的风险评估的有效手段之一⑤,随着社会技

---

① 参见贺法法、陈晓丽、张雅杰等:《GIS 辅助的内涝灾害风险评价——以豹澥社区为例》,《测绘地理信息》2015 年第 2 期。

② Cf.Liu Y.,Chen Z.& Wang J.et al.,"Large-scale Natural Disaster Risk Scenario Analysis:A Case Study of Wenzhou City,China,"*NATURAL HAZARDS*,2012,60(3),pp.1287-1298.

③ 参见张振国、温家洪:《基于情景模拟的城市社区暴雨内涝灾害危险性评价》,《中国人口资源与环境》2014 年第 S2 期;谢翠娜:《上海沿海地区台风风暴潮灾害情景模拟及风险评估》,华东师范大学硕士学位论文,2010 年。

④ 参见郭君、赵思健、黄崇福:《自然灾害概率风险的系统误差及校正研究》,《系统工程理论与实践》2017 年第 2 期。

⑤ 参见刘奕、刘艺、张辉:《非常规突发事件应急管理关键科学问题与跨学科集成方法研究》,《中国应急管理》2014 年第 1 期;刘樑、许欢、李仕明:《非常规突发事件应急管理中的情景及情景—应对理论综述研究》,《电子科技大学学报(社会科学版)》2013 年第 6 期。

术发展和对灾害数据库及区域基础信息数据库建设的重视和完善,基于灾害情景模拟的风险分析方法能够促进城市重大突发事件精准化防灾减灾规划制定及级联灾害风险管理工作重心前移。因此,本研究对灾害情景的构建和推演方法进行了重点综述分析。

三、灾害情景构建和应对

多灾种综合风险具有交叉性、系统性、复杂性和高度不确定性等特点,给防灾减灾救灾工作带来了巨大困难。[①] 一旦防范和预警不足,可能会使政府在处理危机事件中面临非常被动的局面。而且此类事件往往具有"离散随机小概率"特质,使传统的"预测—应对"的风险管理范式,在处置多灾种耦合发生的重大突发事件时也遭遇了挑战。[②] 对于灾害后果复杂的重大突发事件,应急决策依赖于对事件发生发展的态势的风险研判,针对即将或可能发生的关键情景作出合理的决策十分关键。由此促使"预测—应对"型向"情景—应对"型风险管理范式转化。

1. 情景的基本概念

基于"情景"的基本内涵,即情景对未来情形以及能使事态由初始状态向未来状态发展的一系列事实的描述[③],诸多学者从不同角度,对重大和非常规突发事件的情景的内涵进行了界定。

姜卉等人从实时决策的角度,将罕见重大突发事件情景定义为决策主体所正在面对的突发事件发生、发展的态势,其中,"态"是指突发事件当前所处的状态,"势"是指事件在当前状态(即"态")的基础上在未来

[①] 参见王军、李梦雅、吴绍洪:《多灾种综合风险评估与防范的理论认知:风险防范"五维"范式》,《地球科学进展》2021 年第 6 期。

[②] 参见刘铁民:《重大突发事件情景规划与构建研究》,《中国应急管理》2012 年第 4 期。

[③] 参见岳珍、赖茂生:《国外"情景分析"方法的进展》,《情报杂志》2006 年第 7 期。

的发展趋势,主要通过灾害体、受灾体和抗灾体三个维度来刻画[1];刘铁民从应急预案管理的角度,将重大突发事件情景定义为基于"真实事件与预期风险"而凝练、集合成的"虚拟事件",体现的是各类事件的共性与规律,可以代表性质基本相似的事件和风险,情景原型包含概要描述、可能后果假设以及应对任务三个维度[2];仲秋雁等人分别从广义和狭义的角度,阐释了对非常规突发事件情景的理解,广义上,是指整个非常规突发事件演变过程中所有灾害要素的状态集合;狭义上,为非常规突发事件发生发展过程中的某一时刻所有灾害要素的状态集合,这些灾害要素包含事件及与事件有相互作用关系的环境。[3] 此外,从突发事件情景演变的过程分析,又有过去情景、当前情景和未来情景[4],初始情景、演变情景和终止情景[5],发生情景、发展情景、演化情景和消失情景[6]等不同的划分方式。

2. 情景构建与推演

目前关于灾害情景构建和推演研究的灾害对象,涉及地震、洪水、泥石流等自然灾害,原油泄漏、地下管线爆炸、化工厂爆炸等事故灾难,H1N1 流感、埃博拉疫情等重大突发公共卫生事件,以及群体事件、恐怖袭击等社会安全事件等。其中,最为著名的是美国国土安全部针对 15 种

---

① 参见姜卉、黄钧:《罕见重大突发事件应急实时决策中的情景演变》,《华中科技大学学报(社会科学版)》2009 年第 1 期。

② 参见刘铁民:《重大突发事件情景规划与构建研究》,《中国应急管理》2012 年第 4 期。

③ 参见仲秋雁、郭艳敏、王宁等:《基于知识元的非常规突发事件情景模型研究》,《情报科学》2012 年第 1 期。

④ 参见吴广谋、赵伟川、江亿平:《城市重特大事故情景再现与态势推演决策模型研究》,《东南大学学报(哲学社会科学版)》2011 年第 1 期。

⑤ 参见姜卉、黄钧:《罕见重大突发事件应急实时决策中的情景演变》,《华中科技大学学报(社会科学版)》2009 年第 1 期。

⑥ 参见亓菁晶、陈安:《突发事件与应急管理的机理体系》,《中国科学院院刊》2009 年第 5 期。

美国面临的最严重风险和挑战所提出的《国家应急规划情景》。虽然已取得了一定的研究成果，但未形成统一范式，仍处于尝试和开拓阶段。

在这些研究中，部分是基于对已发生的灾害事件情景的结构性描述和分析，提炼灾害情景的概念模型，如基于台风"莫拉克"提出的灾害事件情景演化的概率性生长模式的形式化表达①；根据对"11·22"青岛输油管爆炸事故的演化路径与演化驱动要素的分析，构建的基于情景的突发事件演化概念模型。②

部分研究实现了情景构建概念模型到情景演化的仿真模拟，并给出"情景—应对"策略。按照情景构建中是否关注灾害的级联现象，又可将其分为两类：

一是以单一事件的情景的构建为主，如王宁等将突发事件情景形式化表示为致灾因子、承灾体、应对活动的知识元实例对象集合，将其作为突发事件情景、案例与规则表示的共性基础用来诠释突发事件情景演化的共性特征，结合规则推理与案例推理，构建了基于知识元的突发事件情景演化混合推理模型，以汶川县映秀镇红椿沟泥石流事件为原型，阐述了该模型的实际应用过程及其有效性③；袁晓芳等借鉴经典的 PSR 模型思想，利用"压力""状态""响应"3 个要素通过符号化、网络化的方式来描述非常规突发事件中情景的演变过程，并利用贝叶斯网络理论，构建了非常规突发事件的情景演变分析模型，基于该模型，以大连市输油管爆炸事件原型，对不同应急处置措施下的事件情景的演变路径进行了推理。④

---

① 参见杨伟、李彤：《非常规灾害事件情景演化的概率性生长模式——基于台风莫拉克的探索性案例研究》，《电子科技大学学报（社会科学版）》2013 年第 5 期。

② 参见张明红、佘廉：《基于情景的突发事件演化模型研究——以青岛"11·22"事故为例》，《情报杂志》2016 年第 5 期。

③ 参见王宁、刘海园：《基于知识元的突发事件情景演化混合推理模型》，《情报学报》2016 年第 11 期。

④ 参加袁晓芳、田水承、王莉：《基于 PSR 与贝叶斯网络的非常规突发事件情景分析》，《中国安全科学学报》2011 年第 1 期。

二是考虑了事件的次生及衍生现象,进行不同事件间灾害情景的模拟,如作为 SnowBall 项目的成果,Caroleo 等提出了基于知识的级联灾害管理决策支持系统,通过对不同策略下的灾害链情景进行仿真模拟,根据仿真结果采用多准则决策方法,分析最优策略组合的方法,并以圣多里尼火山灾害链为例,进行了灾害情景的模拟和应急响应策略的分析①;朱晓寒等基于本体论中的 INCA 方法,以历史灾害为依托,运用信息扩散理论,统计分析当前情景要素之间的转化概率,挖掘自然灾害链情景态势组合推演的规则②;杨保华等针对非常规突发事件中的次生、衍生等耦合现象,构建了非常规突发事件情景推演的 GERT 网络模型,根据我国台湾省"莫拉克"台风及其次生灾害的相关数据,设置仿真实验,对灾害损失速率进行模拟,分析不同推演情景中的救灾措施建议③;等等。

通过分析发现,虽然上述灾害情景的表达方式多样,如表格式、事件树形式、图形化表达式、数学表达式、网络表达式等,但以情景的网络表达最为普遍。内容上或是侧重于宏观层面的机理研究,推进了对复杂灾害形成过程的理解,但在面临具体问题时缺少可操作性;或者针对某一具体灾害事件的情景重构,提出具有针对性的政策建议,但不同事件于不同区域灾害情景千差万别,缺乏一般性和可迁移性,可见宏观研究与微观研究脱节问题仍存在。

四、研究现状总结

通过综述分析发现,关于灾害中级联现象的研究越来越受到学者们

---

① Cf. Caroleo B., Palumbo E.& Osella M.et al., "A Knowledge-Based Multi-Criteria Decision Support System Encompassing Cascading Effects for Disaster Management," *International Journal of Information Technology & Decision Making*, 2018, 17(05), pp.1469–1498.

② 参见朱晓寒、李向阳、王诗莹:《自然灾害链情景态势组合推演方法》,《管理评论》2016 年第 8 期。

③ 参见杨保华、方志耕、刘思峰等:《基于 GERTS 网络的非常规突发事件情景推演共力耦合模型》,《系统工程理论与实践》2012 年第 5 期。

的重视,围绕级联灾害现象本身、级联灾害情景应对开展了一系列研究,而应对的前提是对灾害风险的认识,因此,为探究适用于级联灾害情景应对的风险评估方法,对目前灾害风险的评估范式进行了综述分析。目前已有研究为本项目的开展提供了一定的理论和方法的支撑,但仍存在以下有待进一步研究问题:

第一,关于级联灾害本身的研究,目前关注最多的是在事件层面,分析突发事件产生级联效应的原因和途径,通过历史灾害案例统计发现不同突发事件之间的关联或诱发关系,部分研究基于灾害事件之间因果关联网络,通过构建动力学模型探究突发事件之间的演化过程。该类研究在宏观层面反映了级联灾害研究的价值和意义,但是具体级联灾害事件的发生和演化过程千差万别,与事发区域的灾害环境特征密切相关,即使相同的触发因子在不同的区域往往也会发展为不同的灾害情景,因此,当管理者制定级联灾害风险防范措施时,需要坚持以属地为主的原则,结合当地区域环境特征,从而对能够反映区域环境特征的级联灾害风险分析与评估提出需求。

第二,关于灾害风险分析和评估方法,已有诸多理论和应用方面的研究,包括基于致灾概率的方法、基于构建指标体系进行风险区划的方法和基于情景模拟的风险分析方法。每一类方法都有其适用范围,前两类大多利用宏观指标在空间上展布,主要区别在于展布粒度的差异,仍属于宏观层面的评估,且以单一事件为主,很难描述灾害之间的级联现象。而基于情景的模拟方法,以模拟灾害演化的动力学过程为主,有利于对突发事件级联效应的分析,进行灾情发展态势的研判,采取及时有效的断链减灾手段,降低级联灾害形成的风险。但对于如何系统地从区域灾害系统中抽象或构建灾害情景,仍需要进一步深入研究。

第三,目前灾害情景的网络表达中,网络结构的节点大多以事件为主,无法体现事件内部自身灾害后果的演化以及灾害情景因区域差异而产生的不同。如果不针对区域特点构建灾害情景,研究结果的适用性和实用性势必会受到一定的局限。也有部分研究针对本身是网状结构的某种承灾体,分析其在灾害情境中的风险和脆弱性,如电网、交通网等,或研究结构相似的承灾体之间的耦合作用对灾害后果演化的影响,如电网—燃气管网、电网—燃气管网—水网等。但对综合各类型承灾体,对灾害影响下承灾体之间可能存在的关联关系本身进行建模的研究较少。承灾体类型及结构复杂多样,如何将一场突发事件可能影响到的不同类型的承灾体关联起来,且这种关联关系能够用来表示灾害情景,利于推演灾害情景的演化过程,是需要进一步探讨的问题。

第四,关于级联灾害风险情景应对,一些研究在灾情模拟结果的基础上,根据不同情况下的灾害后果差异,从若干方面提出风险防范或应对建议,部分研究将应对措施或应急响应能力作为一个整体变量纳入模拟过程,不过往往忽略对于应对条件、应对原则等进行系统分析。由于灾害的应对是针对灾害后果而言的,而灾害后果又复杂多样,需要遵循不同的风险防范和应对原则,如何在考虑灾害后果应对需求的前提下,制定级联灾害风险情景控制策略则显得十分必要。

在上述现实及理论背景之下,本书从关联视角出发(包括事件之间的关联和区域构成要素之间的关联),以级联灾害风险影响要素及其相互作用过程分析为基础,将宏观致灾机理与反映城市区域灾害环境的微观特征相结合,研究针对城市区域的级联灾害情景建模方法。而城市区域灾害系统本身可看作为一个复杂巨系统,继而,拟从复杂系统建模与复杂网络演化的角度研究复杂灾害情景的动力学演化过程,并基于应急预案中的应急响应的准则和目标归纳级联灾害风险防控策略,最后,通过模拟仿真手段,探讨城市级联灾害情景下的风险控制策略,为风险应对与决策提供支持。

第三章　灾害情景复杂性特征分析

第一节　灾害损失风险的时空尺度效应

时空尺度(Spatial-temporal Scale),是指考察事物或现象特征和变化的时间和空间范围,通常从客体即被考察对象、主体即考察者、时间维和空间维四个方面来刻画①,从认识论意义上讲,其是一种对观察范围及细致程度的表述。时空尺度是一个诸多学科常用的概念,均可从上述4个维度进行界定,对于本研究而言,被考察的对象为区域级联灾害风险,其影响因素主要包括致灾因子、承灾体、孕灾环境和应急响应能力,考察者主要为应急管理决策者、相关领域学者等,时、空维主要指致灾因子、承灾体、孕灾环境和应急响应能力在时间和空间范围上的特征和变化,其中致灾因子是决定区域灾害风险最恰当研究尺度的关键,承灾体是决定灾情分布的关键。区域灾害风险具有明显的时空尺度差异效应,主要体现在一定的时间范围内,不同致灾因子发生的频率大多不同且影响范围存在很大差异,受其影响的承灾体的脆弱性、暴露性等特征,承灾体构成的孕

---

① Cf. Wang J., "Landscape Pattern Scale Effect-Taking Shangri-La County as an Example," *Open Journal of Soil and Water Conservation*, 2014, 02(02), pp.13-28.

灾环境的稳定程度以及区域的应急响应能力的强弱也不尽相同。这就要求,级联灾害风险的分析应以事件本身内在的时间和空间尺度为基准,而不能限定于人为规定的时空尺度框架之内。

由于本研究是从情景构建的角度,探究区域级联灾害风险的分析方法,是以灾害发生为前提的,因此,对时间维提前进行了约束,以事件发生时刻承灾体、孕灾环境及应急响应能力的状态为基础,重点研究级联灾害风险的空间特征。

一、致灾空间差异性

首先需要从突发事件本身出发,基于致灾因子影响的空间范围和作用对象类别,分析级联灾害情景构建过程中的空间尺度的选择。在此,存在"广度"(Extent)和"粒度"(Grain)这一对指标,广度是指研究对象或现象的区域范围,粒度是考察事物或现象的精度。① 广度与粒度之间既存在区别,也存在着某种固定关系,即观察的视野越开阔、考察的年代越长久,其观察物体的细节就越粗略、越概括,就是说广度和粒度在一定程度上成反比关系。另外,需要强调的是在实际研究中,广度和粒度的确定和以下几个方面密切相关:研究的地理现象和地理目标、数据的采样方法、对现象和目标的具体分析内容。

突发事件类型多样,从致灾因子的性质来看,既包括自然灾害事件也包含人为灾害事件。在我国《国家突发公共事件总体应急预案》中,根据突发公共事件的发生过程、性质和机理,将其主要分为自然灾害事件、事故灾难事件、公共卫生事件以及社会安全事件,每一类下又包含若干小类。

①　参见刘耀龙、牛冲槐、王军等:《论灾害风险研究中的空间尺度效应》,《资源环境与发展》2012 年第 4 期。

从致灾因子的致灾空间上看,可以划分为球观(如全球气候变化、生态变化等)、域观(如洪水、地震、台风等)、局部观(如滑坡、泥石流等)和微观(如火灾、危化品事故等)四级①,其中球观和域观对应的突发事件类型的研究,一般以行政单元为基本粒度展开,如大洲、国家、区域、省、城镇等,局部观和微观的研究一般在某类功能区的基础上,小于行政统计单元,如社区、商业区、工业园等。

从致灾因子作用的承灾体类型上,主要包含两种情况:一种是致灾空间内某一类或几类特定承灾体(如传染病、生物灾害等),一种是囊括致灾空间内几乎所有承灾体(如地震、泥石流、爆炸等)。

因此,在级联灾害情景构建之前,需要根据对原生致灾因子致灾空间及作用承灾体类型进行分析,作为研究尺度确定的前提。

二、灾害损失风险空间分布的差异性

当突发事件类型和研究的目标区域确定,在区域范围内潜在灾害损失的空间分布会存在着显著的不均衡特征。相关研究指出,灾情的空间分布范围完全是由承灾体的空间分布范围决定的。② 比如,农业灾情的分布由农作物的空间分布决定,非农业承灾体地区不可能产生农业灾情;不存在化工生产及仓储行业的空间范围内,也不会出现危化品事故;在地震灾害损失风险评估中,人员伤亡和财产损失的空间差异性由房屋建筑震害的空间分布决定,次生灾害风险空间差异性则由次生灾害源的空间分布决定,如汶川地震最严重的次生事件是堰塞湖,而福岛地震则是核污染事故。

当突发事件作用于多种类型的承灾体,由于用地规划或社会经济

---

① 参见赵思健:《自然灾害风险分析的时空尺度初探》,《灾害学》2012 年第 2 期。

② 参见潘耀忠、史培军:《区域自然灾害系统基本单元研究—I:理论部分》,《自然灾害学报》1997 年第 4 期。

活动的空间差异和空间聚集性,各承灾体在同一区域空间的分布特征不尽相同。此时,灾害损失风险在区域空间分布的不均衡性是由多类承灾体的空间分布特征共同决定的。不同承灾体的组合方式构成的就是不同的孕灾环境,遭受灾害影响时,呈现不同的风险。因此,本小节以致灾空间内的孕灾环境的构成,来反映复杂灾害影响下多承灾体在空间范围上的综合分布情况,分析灾害损失风险在区域空间分布的不均衡性。

本小节借鉴生态风险研究中相对风险评估的思想,以承灾体和孕灾环境的构成反映受灾区域特征,以人员伤亡、财产损失和是否产生次生事件为灾害损失评估终点,基于灾害系统理论及灾害后果形成的机理,构建了相同致灾因子条件下,区域灾害损失相对风险评价模型,通过对辽宁省14个城市的城区的实证分析,研究了区域灾害损失风险在区域空间分布上的不均衡性[1],其中,承灾体主要包括以行业划分的各类人口以及社会固定资产,孕灾环境主要为城区各类建设用地。具体结果如下:

从图3-1可以看出,辽宁省各个城市灾害损失风险整体大小存在很大差异,通过对相对风险值进行排序,得到14个城市地区相对灾害损失风险的大小依次为:大连、沈阳、营口、抚顺、鞍山、盘锦、铁岭、锦州、辽阳、阜新、葫芦岛、丹东、本溪、朝阳。并且人员伤亡、财产损失和次生灾害风险在整个空间上的分布也不尽相同。其中,风险排序差别最大的当属沈阳地区,其在整体灾害损失风险居高的水平下,次生灾害相对风险较低,主要原因可能是沈阳作为辽宁省的省会城市,政治中心,公共管理的人员和公共设施等的投入较多,反应为较强的突发事件应急响应能力,更有利

---

① Cf. Qie Z. & Rong L., "An Integrated Relative Risk Assessment Model for Urban Disaster Loss in View of Disaster System Theory," *Natural Hazards*, 2017, 1(88), pp.165–190.

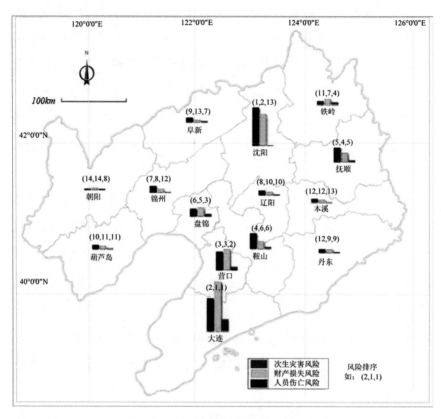

图 3-1 相对灾害损失风险空间分布

于避免次生灾害的发生。

通过对不同土地利用类型上的相对风险进行比较(如图3-2所示),可以看出商业服务业设施用地、工业工地和公共设施用地是各地区相对风险比较集中的主要用地类型,其主要是由该类土地的功能和用途决定的,这些土地上往往聚集着大量国民资产或蕴含着各类潜在危险源。

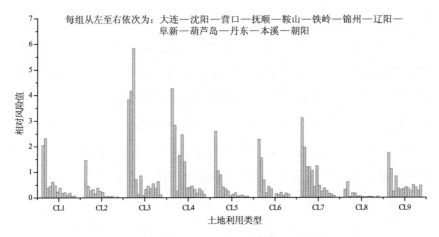

图 3-2　相对灾害损失风险按土地利用类型分布情况①

综上所述,在可致灾空间范围内,不同种类灾害损失的空间分布情况存在差异,在城市中,建成区商业用地、工业用地和公共设施用地是相对风险较高的区域。因此,面向灾害损失风险评估的灾害情景及其演化的研究必须充分考虑承灾体及其不同组合方式构成的有机整体在空间上的分布情况。

第二节　灾害后果的复杂性特征

一、灾害后果形式的复杂性

承灾体是灾害后果的体现者、灾害损失的载体,是应急响应的主要目标,有关研究者认为,没有承灾体就没有灾害。② 承灾体的确定是针对具

---

①　CL1~CL9 分别代表居住用地、公共管理与公共服务用地、商业与服务业设施用地、工业用地、物流仓储用地、道路交通用地、公共设施用地、绿地与广场用地及其他用。

②　参见史培军:《再论灾害研究的理论与实践》,《自然灾害学报》1996 年第 4 期;赵思健:《自然灾害风险分析的时空尺度初探》,《灾害学》2012 年第 2 期;Turner B. N., Kasperson R. E. & Matson P. A. et al.，"A Framework for Vulnerability Analysis in Sustainability Science," *Proc Natl Acad Sci U S A*,2003,100(14),pp.8074-8079。

体突发事件而言的。突发事件种类繁多,从自然灾害、事故灾难、公共卫生事件到社会安全事件,每个类型又包含了若干小类,受影响的承灾体的范畴十分广泛,造成的灾害后果千差万别。其中,自然灾害涉及的承灾体种类最多,包括人、建筑环境和自然环境等;事故灾难的承灾体主要是人、工矿商贸及其周边环境;公共卫生事件的承灾体主要是人、动植物;社会安全事件的承灾体主要是人、公共设施等。因此,需要将各类突发事件作用的承灾体梳理出来,以便构建多灾种耦合事件的情景。

事件类型 区域构成要素	突发事件 h_1	突发事件 h_2	……	突发事件 h_j	……	突发事件 h_n
承灾体 $\bar{e}_1$	C_{11}	——	……	C_{1j}	……	$C_{1\,n}$
承灾体 $\bar{e}_2$	——	C_{22}	……	C_{2j}	……	——
……		……	……			……
承灾体 $\bar{e}_i$	C_{i1}	——	……	$C_{ij}=\{S\}$	……	C_{i6}
……	……		……			……
承灾体 $\bar{e}_m$	C_{m1}	C_{m2}	……			C_{mn}

图 3-3　承灾体灾害后果矩阵

我们认为凡是可能受到不利影响产生一定损失的对象都可称之为承灾体,既可以是人及其所在的社会系统、生态环境也可以是其中的某些个体要素。我们前期通过对各类突发事件进行分类梳理,分析各类预案及研究文献,提炼出了各类突发事件的主要承灾体①,并构建了表示事件与承灾体之间映射关系的灾害后果矩阵,如图 3-3。进一步,这些承灾体可归纳为四大类,如图 3-4,每一类下可以继续细分。

---

① 参见郗子君、荣莉莉、颜克胜:《基于新闻报道的突发事件灾害后果及其应对的时空分析——以汶川 8.0 级地震为例》,《灾害学》2015 年第 4 期;谭华:《突发事件灾害后果时空矩阵构建研究》,大连理工大学硕士学位论文,2012 年。

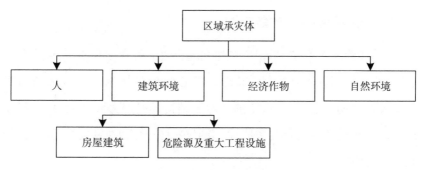

图3-4 承灾体主要类别

利用承灾体及其灾害后果组合可以体现不同事件作用下受灾区域的灾害情景,如图3-5所示。灾害情景是该事件发生在其作用的承灾体上而产生的,一个事件作用的承灾体是相对固定的,由该事件的性质所决定,具有明显的事件特征,与发生的区域无关,体现在图3-5的上层;图3-5的中间层是事件A作用的所有需要应对的承灾体及其灾害后果;而具体区域X、Y或Z其承灾体的构成各不相同,具有区域特点,可能是中间层承灾体的部分或全部。

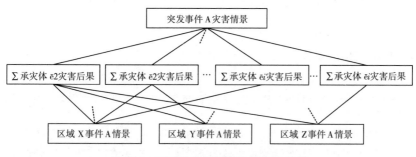

图3-5 区域灾害情景复杂性层次结构

该层次结构能够充分表现突发事件灾害情景的多样性和复杂性,更能区分具体灾害后果的差异,能够满足应急准备对情景构建的需求:针对各种事件、体现事件本身的特点及区域的差异等。

二、灾害后果演化的复杂性

各种风险相互交织,呈现出自然和人为致灾因素相互联系、传统安全与非传统安全因素相互作用等特点。在工业化、城镇化、信息化推进过程中,城市建设的各类设施、系统的规模和结构日趋庞大和复杂,耦合特征日益显著,致使突发事件的关联性、衍生性、复合性和非常规性不断增强,灾害形势愈加严峻。

一些重大灾害的发生通常会伴随其他灾害的产生,其损失也并非仅由某一种事件造成的,而是由多种灾害的连锁反应及其在时间、空间上复杂的相互作用而产生的结果。《"十三五"公共安全科技创新专项规划》重点强调,风险评估与预防技术要由单灾种向多灾种综合风险评估转变。

这种由原生灾害及其引起的一种或多种次生灾害所形成的灾害系列,就是灾害链[1],描述了突发事件之间具有的某些因果关系。灾害链现象的存在,会使突发事件之间产生一种网络化的风险,使得灾害系统复杂性大大增加。此外,多米诺事件和 Natech 事件的研究,本质也是灾害链的思想。[2]

余瀚等总结了灾害链现象的两个基本特征:一是灾害链中多种灾害之间存在明确的引发关系;二是灾害链在时间与空间上存在连续扩展过程而造成灾情的累积放大。[3]

---

① 参见哈斯、张继权、佟斯琴等:《灾害链研究进展与展望》,《灾害学》2016 年第 2 期。

② Cf.Cruz A.M.& Okada N., "Methodology for Preliminary Assessment of Natech Risk in Urban Areas," *Natural Hazards*, 2008, 46(2), pp.199–220; Nascimento K.R.D.S.& Alencar M. H., "Management of Risks in Natural Disasters: A Systematic Review of the Literature on NATECH Events," *Journal of Loss Prevention in the Process Industries*, 2016, 44, pp.347–359; Cozzani V., Antonioni G.& Landucci G.et al., "Quantitative Assessment of Domino and NaTech Scenarios in Complex Industrial Areas," *Journal of Loss Prevention in the Process Industries*, 2014, 28, pp. 10–22.

③ 参见余瀚、王静爱、柴玫等:《灾害链灾情累积放大研究方法进展》,《地理科学进展》2014 年第 11 期。

由于突发事件可能发生在任何区域,不同区域承灾体及孕灾环境存在差异,导致了即使是同样的原生灾害,形成的灾害链也完全不同。如分别发生在汶川和日本福岛的大地震,尹卫霞等对其产生的灾害链进行了总结,如图 3-6 所示①,日本福岛地震最显著、影响最大的次生事件是海啸及其引发的核事故,而汶川地震中最显著的次生事件是堰塞湖。可以看出,当不同的区域面临相同的原生致灾因子时,区域孕灾环境决定灾害链的类型,区域承灾体构成决定灾害链的成灾过程。灾害链的多样性,充分体现了区域级联灾害情景及其演化的复杂性。

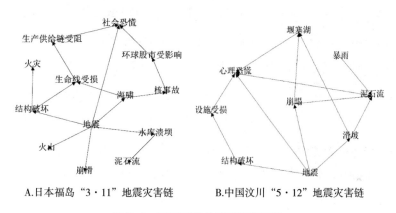

A.日本福岛"3·11"地震灾害链　　　　B.中国汶川"5·12"地震灾害链

图 3-6　不同区域地震灾害链对比

第三节　自然—技术灾难相互作用
关系的统计特征分析

随着工业化进程的加速,自然灾害和事故灾难之间的界限逐渐模糊,

---

① 参见尹卫霞、王静爱、余瀚等:《基于灾害系统理论的地震灾害链研究——中国汶川"5·12"地震和日本福岛"3·11"地震灾害链对比》,《防灾科技学院学报》2012 年第 2期。为便于阅读,对所引图片进行了形式上的修改。

自然灾害引发事故灾难(Natech 事件)的风险日益凸显,灾害情景也愈加复杂。Natech 事件作为一类特殊的级联灾害事件,可以体现级联灾害事件风险特征的同时,又具有其独特性。我们搜集了近 2000—2020 年中国发生的符合 Natech 特征的 164 个灾害案例,提炼 Natech 事件生成和演化的典型模式,并对自然—技术灾难相互作用关系的统计特征进行了分析。

一、中国 Natech 事件关联矩阵构建

本研究以中国各级应急管理部门的事故通报,2000—2017 年的《中国安全生产年鉴》,中国化学品安全协会事故案例和 EM-DAT 为主要数据来源,共搜集近 20 年符合 Natech 特征的 164 个非巨灾案例,提炼其中 Natech 事件的相关信息,作为研究开展的基础。主要参考《自然灾害分类与编码》(GB/T 28921-2012)、《突发事件分类与编码》(GB/T 35561-2017)和 EM-DAT 数据库灾害分类标准等,结合中国 Natech 事故案例,共选择 16 种典型自然灾害事件和 17 种典型事故灾难进行提炼和梳理。

Natech 作为一种跨事件类型、多灾种耦合的特殊灾害链集合,具有一般灾害链普遍特征的同时,又有其自身特点。基于所统计的灾害案例,本节总结了与 Natech 事件密切相关的 3 种典型链式现象:自然灾害链、事故多米诺效应、并行灾害(事故)。

(1)自然灾害链(natural cascading disasters)。自然灾害链体现着自然灾害事件之间的链式关系,即单一(或多种)首发自然灾害发生引发单一(或多种)次生灾害,是一类庞杂的灾害链。有关灾害链的概念在不同研究中有不同阐释。1987 年,郭增建在国内首次提出"灾害链"的概念,认为灾害链是一系列灾害相继发生的现象,并将其分为因果链、同源链、互斥链和偶排链。[①] FEMA 在面向普通学生和家长的网络资源中,将灾

---

① 参见郭增建、秦保燕:《灾害物理学简论》,《灾害学》1987 年第 2 期。

害链通俗地解释为"……灾难会产生连锁反应,森林火灾火会引发泥石流,地震会引发火灾,龙卷风会导致电力事故……"史培军等人在2014年将灾害链的特征总结:诱生性,即一种或多种灾害的发生是由另一种灾害的发生所诱发的;时序性,即原生灾害在前,次生灾害在后;扩围(展)性,即重大灾害发生时,往往会产生次生灾害,使其影响范围扩大。① 综上所述,自然灾害链的初始致灾因子为自然要素,但是由其引发的次生灾害是多种多样的,可能包含事故灾难,也可能不包含。

(2)事故多米诺效应(domino effect)。事故多米诺效应是一种特殊的事故灾难链,其同时具备以下3个特征:首发事故灾难发生;首发事故引发一系列次生事故;首发事故引发一系列次生事故所导致的总损失,大于只发生首发事故所导致的损失。多米诺效应一般发生在化工和工矿领域,其核心为"首发事故—传播途径—目标设备(单元)"。

(3)并行灾害(事故)(concurrent disasters/accidents)。并行灾害(事故)是指成因不相关联的灾害(事故)同时发生,相互作用并造成不同于各自单独作用时的灾情的遭遇状况。常见的并行灾害(事故)链,如大风灾害＋暴雨灾害→电力/公路/航运/坍塌事故等。并行灾害(事故)间的相互作用,一是会导致致灾强度改变(增强或削弱),二是有概率导致承灾载体更加脆弱。并行灾害(事故)和史培军等所提出的灾害遭遇有所区别:前者概念范围更广而后者一般只强调事件组合会放大事件影响。

传统Natech概念的阐释重点在于自然灾害和事故灾难之间的致灾关联。在巨灾Natech中,相比自然致灾因子,人为异动影响能力较弱,故一般被忽略。然而,本研究在对中国非巨灾Natech案例的梳理和分析当中发现,除了自然致灾因子直接或间接导致事故灾难的发生之外,诸多非巨灾

① 参见史培军、吕丽莉、汪明等:《灾害系统:灾害群、灾害链、灾害遭遇》,《自然灾害学报》2014年第6期。

Natech 事件的形成过程中,人为异动发挥了举足轻重的作用,如表 3-1 所示。

表 3-1　人为异动在 2000—2020 年中国非巨灾
Natech 事件①成灾因素中的占比

是否存在人为异动	特大 Natech 事件	重大 Natech 事件	较大 Natech 事件	一般 Natech 事件
存在	5	33	72	18
不存在	2	8	12	14

　　人为异动(anthropogenic processes)是一类由人类活动产生的致灾因子,包括操作管理失误、自然灾害预防预警失误、开发建设隐患等。在 Natech 视角下,人为异动或是无意识地构成 Natech 隐患:如 2016 年发生在东莞市的东江口预制构件厂"4·13"龙门吊倒塌重大事故,由于工人在停机后没有将夹轨器放下并夹紧轨道,起重机在突遇飑线灾害的情况下整机向前倾覆,造成重大人员伤亡和经济损失;或与自然灾害并行发生,两者成因不相关联且能够造成不同于自然灾害单独作用时的灾情:如 2007 年的广东"6·15"九江大桥坍塌事故,由于船长疏于瞭望,突遇大雾灾害时操作不当,不仅造成船舶沉没,而且导致桥上行驶汽车和巡桥工人坠水。在这里,有意识的人为破坏,如非法盗采、滥伐;与自然灾害成因相关联的人为活动,如盲目挖掘矿井引发涝灾;以及可以独立引发事故灾难的人为活动都不属于 Natech 视角下的人为异动。本研究根据收集的 164 份事故调查报告,将 Natech 视角下人为

---

　　① 依据《生产安全事故报告和调查处理条例》第三条事件等级划分标准如下:特大 Natech 事件标准为造成 30 人以上死亡,或者 100 人以上重伤,或者 1 亿元以上直接经济损失;重大 Natech 事件标准为造成 10 人以上 30 人以下死亡,或者 50 人以上 100 人以下重伤,或者 5000 万元以上 1 亿元以下直接经济损失;较大 Natech 事件标准为造成 3 人以上 10 人以下死亡,或者 10 人以上 50 人以下重伤,或者 1000 万元以上 5000 万元以下直接经济损失;一般 Natech 事件标准为造成 3 人以下死亡,或者 10 人以下重伤,或者 1000 万元以下直接经济损失。

异动归纳为如图 3-7 所示几种类型。

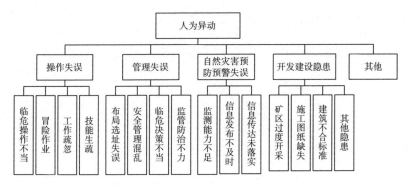

图 3-7 Natech 视角下的人为异动分类

进一步,按照下表结构将 164 份案例内容进行结构化分析。

基于案例内容的分析,本研究试图构造一个 33×33 的邻接矩阵(16 种自然灾害和 17 种事故灾难),描述非巨灾 Natech 中主体事件之间的相互作用关系。其中:

(1)空白表示两个灾害(事故)间暂时没有发现相互作用关系;

(2)1 表示两个灾害(事故)间存在引发、诱发关系,如矩阵(31,1)处标记为 1,其含义为洪涝灾害可以在一定条件下引发水污染事故。

(3)2 表示两个灾害(事故)间存在并行关系。如矩阵(4,3)和(3,4)处标记为 2,其含义为暴雨灾害和大风灾害可以在一定条件下并行发生,引发事故灾难。

(4)3 表示在某种自然灾害引发某种事故灾难的过程中,可能存在人为异动的影响。如矩阵(25,1)处标记为 3,其含义为在洪涝灾害引发建筑施工事故的过程中,可能存在冒险作业、临危决策不当、监测能力不足等人为异动的影响。再如(11,17)处标记不为 3,而为 1,这说明在地震灾害引发公路事故的过程中,不存在人为异动影响或人为异动影响极小,可忽略不计。

基于收集的 164 份 Natech 事件的梳理和统计,得到 Natech 事件关联矩阵,如图 3-8 所示。

引发→	自然灾害																事故灾难																
	FL	TY	HP	SW	HA	LI	LT	IS	HT	FO	EQ	CO	LS	MS	GC	OW	RO	RA	SH	AV	MI	HC	FI	EX	CA	EF	CS	WA	BC	SE	WC	AC	SC
FL													1	1			3		3						3	1							
TY			1	1													1	3	1						3	1							
HP	1		2	2		2	2					1	1	1	1	2	3	3	3	3	3		3	3			3	3	3	1			
SW			2			2										1	3										3	3					
HA																	3																
LI			2	2												2	3	3	3				3	3	3		3				1	1	1
LT						1		1															3	3	3	3			3				
IS																							3	3	3	3							
HT		2																			3	3	3										
FO		2															3	3	3														
EQ												1	1	1	1	1	1	1					1	1	1	1	1	1					
CO																	3								3								
LS										1							3		3						3								
MS																	3								3								
GC																	3									3							
OW			2			2													3														
RO																																	
RA																																	
SH																			3														
AV																																	
MI																															1		
HC																															1	1	
FI																						1	1								1	1	
EX																							1								1	1	1
CA																																	
EF																	1					1	1								1	1	
CS																																	
WA																															1		
BC																																	
SE																	1																
WC																																	
AC																																	
SC																																	

自然灾害:
FL(flood):洪涝灾害；TY(typhoon):台风灾害；HP(heavy precipitation):暴雨灾害；SW(strong wind):大风灾害；HA(hail):冰雹灾害；LI(lightning):雷电灾害；LT(low temperature):低温灾害；IS(ice and snow):冰雪灾害；HT(high temperature):高温灾害；FO(fog):大雾灾害；EQ(earthquake):地震；CO(collapse hazards):崩塌灾害；LS(landslide):滑坡 MS(mudslide):泥石流；GC(ground collapse):地面塌陷；OW(ocean wave):海浪灾害

事故灾难:
RO(road accident):公路事故；RA(rail accident):铁路事故；SH(ship accident):水运事故；AV(aviation accident):航空事故；MI(mine accident):矿难；HC(hazardous chemical accident):危化品事故；FI(fire):火灾；EX(explosion):爆炸；CA(construction accident):建筑施工事故；EF(electricity network failure):电力事故；CS（communication system accident）:通信事故； WA(water conservancy accident):水利事故；BC(building collapse accident):建筑垮塌事故；SE(special equipment accident):特种设备事故；WC(water contamination):水污染；AC(air contamination):大气污染；SC(soil contamination):土壤污染

图 3-8　非巨灾 Natech 事件关联矩阵——基于中国 2000—2020 年间 Natech 事件案例

二、非巨灾 Natech 事件演化模式

深入分析案例中 Natech 事件的形成过程及其影响因素,本研究试图在传统 Natech 事件概念框架的基础上结合人为异动,面向 Natech 事件风险管理和应急响应决策需求,构建适用于非巨灾 Natech 事件形成及演化分析的概念框架。

首先,"首发自然灾害⇒首发事故灾难"是 Natech 事件链的基础结构。除一般的灾害链特征之外,一条完整的 Natech 链中,必须同时存在首发自然灾害和首发事故灾难且两者必须存在时序先后关系,只要缺少其中一个特征就不属于 Natech 范畴。其中,将"首发自然灾害⇒首发事故灾难"称之为"基础 Natech 链"。在此基础上,考虑并行的自然灾害、人为异动等其他因素耦合影响,进一步扩展、复杂化的灾害链,下文称之为"复杂 Natech 链"。由基础 Natech 链扩展得到的复杂 Natech 链可以分为以下六类,其中"＿"表示自然灾害,"＿"表示事故灾难,"〜"表示人为异动因素。

(1)首发自然灾害[+并行自然灾害]⇒首发事故灾难[+并行事故]→次生事故灾难(多米诺效应)

如,黑龙江胜农科技开发有限公司"11·27"中毒事故①:事发当日,鹤岗市气温达到零下 20 摄氏度以上,极端低温导致公司尾气系统负压管道冻堵,尾气吸收系统失效,危险化学气体外泄,造成直接经济损失 230 余万元;危化品事故又进一步引发中毒事件,导致 3 人遇难的悲剧。该 Natech 事件的路径特征可简单描述为"低温灾害⇒特种设备事故→危化品事故(中毒事件)";其中人为异动影响较小,忽略不计。演化路径如图 3-9(a)所示。

(2)首发自然灾害[+并行自然灾害]+人为异动 ⇒首发事故灾难

---

① 参见《历史上十一月发生的危险化学品事故》,应急管理部网站 2019 年 10 月 29 日,https://www.mem.gov.cn/fw/jsxx/201910/t20191029_339730.shtml。

[+并行事故]→次生事故灾难(多米诺效应)

如,广东"6·15"九江大桥坍塌事故①:事发当日,"南桂机035"遭遇大雾灾害,由于船长疏于瞭望且临危操作不当,船舶偏离主航道并撞击桥墩,造成部分桥面坍塌,船舶沉没的同时有4辆汽车坠水,9人遇难;其中船长疏于瞭望且临危决策不当等人为因素严重影响到Natech事件路径的走向,因此必须考虑在路径内。该事件的路径特征可简单描述为"大雾灾害+疏于瞭望且临危决策不当⇒水运事故→公路事故",演化路径如图3-9(b)所示。

(3)首发自然灾害[+并行自然灾害]→次生自然灾害(自然灾害链)⇒首发事故灾难[+并行事故]→次生事故灾难(多米诺效应)

如,云南省普洱市墨江县的5.9级地震②,图3-9(c)所示:该地震引发多次余震,相继造成墨江县公路交通中断,电力和通信系统损坏,3座水库受损,并引发水污染等次生事故。其中人为异动影响极小,忽略不计。该事件的路径特征可简单描述为"地震+余震⇒公路事故+电力事故+通信事故+水利事故→水污染",演化路径如图3-9(c)所示。

(4)首发自然灾害[+并行自然灾害]+人为异动→次生自然灾害(自然灾害链)⇒首发事故灾难[+并行事故]→次生事故灾难(多米诺效应)

如,广西来宾市合山煤业公司八矿樟村井的采空区垮冒溃浆事故③,如图3-9(d):该矿开采留下大量采空区,保护煤柱裂缝与地面联通,雨水泥浆渗入;事发时矿区遭遇暴雨灾害,大量积水导致凹陷区域压力增大,采空区垮冒,引发地面塌陷、泥浆溃入井下巷道,导致22人遇难。公

① 参见杜旭升:《6·15九江大桥船撞事故引发的思考》,《中国海事》2007年第9期。

② 参见《民政部:云南景谷5.8级、5.9级地震致近1.4万人受灾》,云南地震局网站2014年12月7日,http://www.yndzj.gov.cn/yndzj/300518/391296/391313/399636/index.html。

③ 参见《国家安全监管总局国家煤矿安监局关于贵州广西两起重大煤矿水害事故的通报》,应急管理部网站2011年7月8日,https://www.mem.gov.cn/gk/gwgg/201107/t20110708_240486.shtml。

司在事发前对雨季防水工作监管不力,没有治理采空区造成的水害隐患,遭遇暴雨没有采取有效的应急措施,以上人为异动均严重影响了 Natech 事件演化的走向。该 Natech 事件的路径特征可简单描述为"暴雨灾害 + 监管防治不力 + 矿区过度开采 + 监测能力不足⇒地面塌陷 + 缺乏应急措施→矿难";该事件演化路径如图 3-9(d)所示。

(5)首发自然灾害[+并行自然灾害]→次生自然灾害(自然灾害链)+人为异动⇒首发事故灾难[+并行事故]→次生事故灾难(多米诺效应)

如深圳市"4·11"暴雨洪水事故①:事发当日,深圳遭遇暴雨灾害继而引发洪涝灾害,工人在清淤行洪过程中接到预警通知,但因来不及撤离被洪水冲走,随后又接连发生几起洪水冲走施工工人的事故,造成 11 人遇难。其中,灾害预警信息传达不及时严重影响了事件的演化趋势。该事件该 Natech 事件的路径特征可简单描述为"暴雨灾害→洪涝灾害+信息传达不及时⇒建筑施工事故",演化路径如图 3-9(e)所示。

(6)首发自然灾害[+并行自然灾害]⇒首发事故灾难[+并行事故]+人为异动→次生事故灾难(多米诺效应)

如沈阳市新五爱泵站"6·19"电气设备淹溺停运较大事故②:事发当日,大量降水导致城市内涝,泵站水面快速上升,由于工人操作不当,泵站配电室进水,引发电力事故致使泵站排水功能瘫痪。事故发生约半小时后,由于人为失误,污雨水涌集倒灌入泵站北侧正在施工的隧道,引发建筑施工事故,造成经济损失 1500 万元;该事件总经济损失为 2216.67 万元。该 Natech 事件的路径特征可简单描述为"暴雨灾害⇒电力事故→特种设备事故+临危决策错误→建筑施工事故",演化路径如图 3-9(f)所示。

---

①　参见《深圳暴雨突发洪水已致 10 人死亡 1 人失联》,人民网 2019 年 4 月 13 日,http://society.people.com.cn/n1/2019/0413/c1008-31027953.html。

②　参加《沈阳市新五爱泵站"6·19"电气设备淹溺停运较大事故调查报告》,沈阳市应急管理局网站 2017 年 10 月 11 日,http://yjj.shenyang.gov.cn/html/YJGLJ/155304363988669/155304363988669/160931316803186/6398866919332271.html。

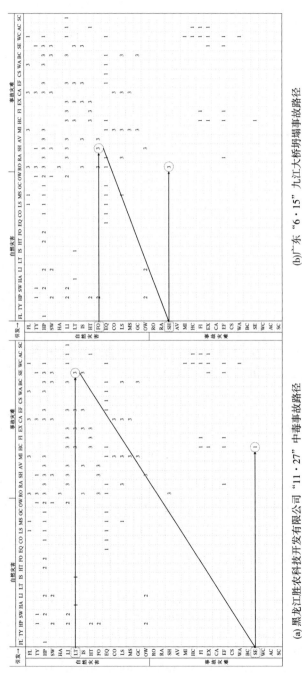

(a) 黑龙江胜农科技开发有限公司 "11·27" 中毒事故路径

(b) 广东 "6·15" 九江大桥坍塌事故路径

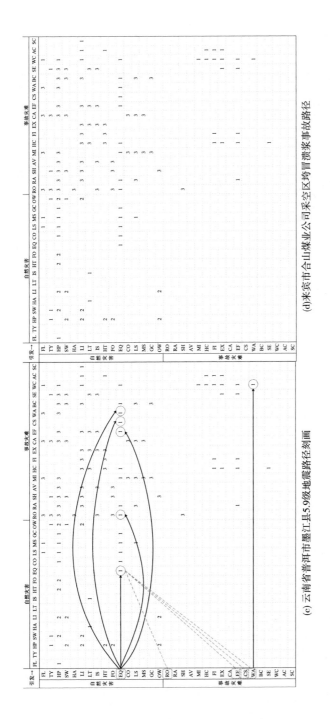

(c) 云南省普洱市墨江县5.9级地震路径刻画

(d)来宾市合山煤业公司采空区垮冒冒溃浆事故路径

85

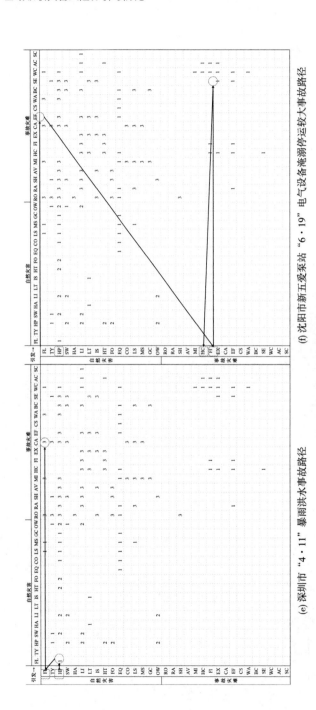

(e) 深圳市 "4·11" 暴雨洪水事故路径

(f) 沈阳市新五爱泵站 "6·19" 电气设备淹溺停运较大事故路径

图3-9 典型Natech事件的演化路径分析

（注：图中用黑色箭头标识一般诱发关系，虚线箭头标识并发关系，黑色双线箭头标识过程中存在人为异动影响）

综上,可抽象出如图 3-10 所示的非巨灾 Natech 事件的形成过程和演化模式。

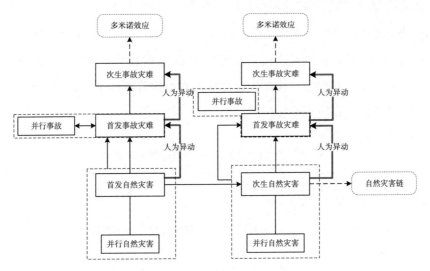

图 3-10　Natech 事件形成路径及演化模式分析框架

三、基于事件关联矩阵的非巨灾 Natech 事件风险分析

1. 非巨灾 Natech 关联网络中的关键事件节点辨识

非巨灾 Natech 可看作是一个以自然灾害和事故灾难为节点,以自然灾害内部联系、事故灾难内部联系和自然灾害与事故灾难之间联系为边的有向网络。本部分将关联矩阵转化为如图 3-11 所示的 Natech 事件关联网络,该网络是由 33 个节点,121 条边构成的有向网络。

利用网络测度指标挖掘并分析网络中的重要节点,有助于对非巨灾 Natech 事件形成关键条件的认识,为有效控制事件的演化过程,减少非巨灾 Natech 的发生提供决策参考。本节以点度中心性和介数中心性为基本测度指标,其中入度和出度刻画的是某事件受其他灾害或事故影响的程度和引发其他灾害或事故的能力,而介数中心性刻画的则是某事件对

87

网络全局的控制力和影响力,介数中心性较高意味着会有更多的 Natech 链演化历经了该事件节点。此外,为探求自然灾害事件和事故灾难之间的密切程度,选了链接分析中非常重要的 HITs 算法的 Hub 值和 Authority 值为参考,其中在一定程度上,Authority 值代表 Natech 事件中的某类事故灾难与自然致灾因素直接关联程度,Hub 值则表示某类自然灾害与事故灾难直接关联程度。代表各类事件的节点的重要性排序如表 3-3(每一项测度指标均只取前 6 位)。

表 3-2　中国非巨灾 Natech 网络测度指标表

平均度:3.667 平均路径长度:1.583			HITs 算法		
度	入度	出度	介数中心度	权威值	枢纽值
HP(27)	WC(9)	HP(21)	HP(94)	WC(0.312)	HP(0.598)
LI(17)	RO(8)	LI(14)	LI(25)	BC(0.269)	EQ(0.393)
EQ(13)	CA(7)	EQ(13)	EF(7)	RO(0.264)	LI(.0388)
SW(10)	MI(7)	SW(7)	EX(5)	RA(0.252)	FL(0.234)
EF(10)	HC(7)	FL(7)	HT(4)	EF(0.243)	TY(0.222)
EX(10)	SE(7)	TY(7)	MI(4)	SH(0.237)	SW(0.216)

从表中数据可以看出,暴雨灾害(HP)作为较为常见、影响范围广的自然灾害,其处于所有节点第一位,度、出度、介数中心性和 Hub 值表明暴雨是中国非巨灾 Natech 网络中对全局影响能力最强的节点。无论是引发次生自然灾害,还是诱发事故灾难多米诺效应的能力都非常强,60%以上的潜在路径包含暴雨灾害,且与人为异动的协同作用最显著,以上特点均使得暴雨灾害的整体风险难以预测。而在较为经典的巨灾 Natech 事件中,暴雨灾害的影响力则弱于地震灾害。

电力事故(EF)处于所有事故点度中心性和介数中心性首位,这说明在中国非巨灾 Natech 网络中,电力事故是需要重点关注的核心事故灾难类型,预防电力事故的发生是非巨灾 Natech 断链减灾的关键之一。结合统计数据分析,台风、大风、暴雨、洪涝、雷电、低温和冰雪灾害均能引发电力事故,而一般作为首发事故的电力事故还可引发铁路、火灾/爆炸、建筑施工和特种设备等事故。而且,以电力事故为"中介"的 Natech 链,路径一般较长,次生事故往往比电力事故本身后果更严重。结合实际案例来看,非巨灾 Natech 中的电力事故主要分为电网事故和局部电力事故两类。前者常导致严重的经济损失,如 2005 年湖北黄州电网风灾事故造成 110V 以上杆塔损坏 22 基,输电塔倒塌 18 基;而后者人员伤亡占主体,如"7·23"甬温线动车事故的原因之一为因雷击导致电路设备故障后应急处置不力,最终造成 40 人死亡、172 人受伤。

结合事件节点的入度和 Authority 值,回顾事故案例可以发现,水污染(WC)是自然灾害引发突发环境污染事故的主体且近年来呈增加趋势。自然灾害引发的水污染事故一般为瞬时污染,污染物主要为重金属、有毒有害化学物质和油类。水污染事故不仅容易被自然灾害或首发事故触发,而且具有较强的事后影响力。如暴雨、洪涝和雷电等自然灾害,矿难、火灾/爆炸和电力事故等事故灾难均能直接或间接引发水污染事故,水污染事故还可能进一步导致群众恐慌、居民生活用水受限、饮水中毒或疾病流行。另外,人为异动加剧事故危害。大量事故调查报告表明,工厂选址失误、矿区过度开采、冒险作业、施工设计缺陷、灾害监测失误和安全管理混乱等人为异动均可能加剧水污染事故,而人为异动的控制效果很大程度需要依赖生产安全知识的普及,相关法律体系的完善和监督执法力度的增强。

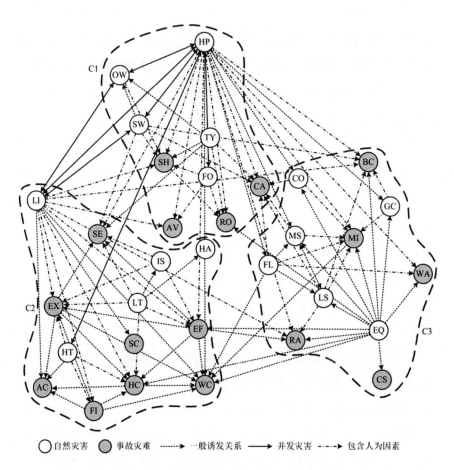

○ 自然灾害　● 事故灾难　┄┄► 一般诱发关系　──► 并发灾害　┄·┄► 包含人为因素

图 3-11　中国非巨灾 Natech 事件关联网络

进一步,基于 Blondel 等提出的社团划分方法①,对网络节点进行了聚类分析,所有的事件节点被划分为 3 个组。从自然诱因来看,其中两组为气象类自然灾害及其相关联的事故灾难,其中 C1 主要是与风雨雾相关的自然灾害,包括暴雨(HP)、台风(TY)、大雾(FO)、大风(SW)、海浪

---

① Cf.Blondel V.D.,Guillaume J.& Lambiotte R.et al.,"Fast Unfolding of Communities in Large Networks," *Journal of Statistical Mechanics: Theory and Experiment*, 2008, 2008(10), p.10008.

（OW），与各类交通事故，包括水运事故（SH）、公路事故（RO）、航空事故（AV）和建筑施工事故（CA）的发生密切相关；C2 包括自然灾害雷电（LI）、低温（LT）、高温（HT）、冰雪（IS）、冰雹（HA），及其直接引发的事故灾难和由于多米诺效应而产生的事故灾难，包括爆炸（EX）、特种设备事故（SE）、火灾（FI）、危化品事故（HC）、电力事故（EF）、水污染（WC）、大气污染（AC）、土壤污染（SC），另外一组 C3 则以地质灾害及其相关联的事故灾难为主，包括地震（EQ）、洪涝（FL）、滑坡（LS）、泥石流（MS）、崩塌（CO）、地面塌陷（GC），聚集性的事故灾难包括建筑物垮塌（BC）、水利事故（WA）、通信事故（CS）、矿难（MI）、铁路事故（RA）。相同聚类组别中自然灾害和事故灾难间的引发、诱发关系更加紧密，因此在 Natech 风险防控过程中，当出现某类自然致灾因子时候，需要尤其关注与其同组中的次生自然灾害和事故灾难发生的可能，提前做好风险排查的应急准备。

此外，通过将网络模型分析结果与案例进行分析对比发现，网络中少数重要节点在实际应急管理中易被忽视，防治工作存在一定的隐蔽性。如水污染事故，尤其是农村地区的水污染防治问题就是节点存在"隐蔽性"的典型例证。通过网络分析结果可知，水污染事故的入度处于所有事故类型第一位，不仅容易被自然灾害或首发事故触发，而且具有较强的事后影响力。然而，发生在农村地区的水污染事故受影响群众较少且人群固定，居民普遍缺乏水污染有关知识和维权意识，事故的报道价值小、信息扩散性弱，这些特点造成了管理过程中的责任规避。

分析发现，可以将造成节点隐蔽性的原因归纳为两个方面：首先，该类事件往往缺乏国家性质的法律、规定或标准的约束和规范，或虽存在相关法律法规，但存在漏洞，执行力度弱，或与之相配合的体制机制存在问题；其次，该类事件在多数情况下只在小区域或特定群体内产生某种固定的影响，这种影响虽然是具有极强破坏性的，但是引起的社会关注度不高。

2. 非巨灾 Natech 事件潜在演化路径发现

虽然案例的样本是有限的,不能涵盖所有的非巨灾 Natech 事件链条,但是可以通过上文所构建的非巨灾 Natech 事件关联网络,尽可能地去发现虽还未真实发生,然而理论上有发生风险、需要采取一定的风险防范措施的潜在演化路径,为 Natech 事件的断链减灾提供参考。

在 Natech 事件关联矩阵的基础上,利用 Matlab 计算初始节点为任意自然灾害,并经过至少一个事故灾难节点的所有路径,试图寻找符合 Natech 事件特征的所有潜在 Natech 链条。通过计算获得路径大于 2(即至少包含 3 类事件)的潜在 Natech 链 2875 条,路径长度分布如图 3-12 所示。

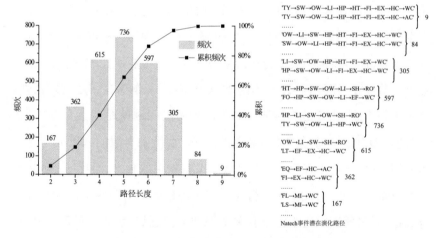

图 3-12　Natech 事件链路径长度统计分布

一般从案例中直接提取,Natech 事件链的长度多集中在 1 或 2,即涉及 2 到 3 种事件类型。然而,通过关联矩阵计算而得的 Natech 事件链路径长度分布图可知,超过 80% 的潜在路径长度能达到 4,出现频次最高的路径长度为 5。Natech 事件链最长潜在路径为 9,涉及 10 种事件,其中自然诱因以气象致灾因子为主,可能造成的事故灾难涉及火灾、爆炸、矿难、建筑事故等。事件链越长,人为异动在成链过程中的影响越显著。且在同一 Natech 链中,事件之间的路径越长,事件演化路径的隐蔽性越高,事件之间的关联关系越容易被忽略。如台风和火灾看上去似乎无关联,但是却存在于同一 Natech 事件链中,台风暴雨过后出现高温,可能引发火灾,台风导致电路受损,如未及时排查修复,恢复通电之后也可能导致火灾。

　　从上述统计特征分析结果中,得出具体结论如下:(1)除了自然致灾因子直接或间接导致事故灾难的发生之外,诸多非巨灾 Natech 事件的形成过程中,人为异动发挥了举足轻重的作用,是非巨灾 Natech 风险防控的重要着力点之一。(2)暴雨灾害是中国非巨灾 Natech 网络中对全局影响能力最强的节点,60%以上的潜在 Natech 事件演化路径包含暴雨灾害,且与人为异动的协同作用最显著;以电力事故为"中介"的 Natech 链路径较长,次生事故往往比电力事故本身后果更严重,是需要重点关注的核心事故灾难类型;水污染事故作为自然灾害引发突发环境污染事故的主体,近年来呈增加趋势,也是最容易被自然灾害或首发事故触发的事件,而且具有较强的事后影响力。(3)中国 Natech 事件大体呈现 3 组聚集趋势,从自然诱因来看,其中两组为气象类自然灾害及其相关联的事故灾难,另外一组则以地质灾害及其相关联的事故灾难为主。(4)Natech 事件链越长,人为异动在成链过程中的影响越显著,且在同一 Natech 链中,事件之间的路径越长,事件演化路径的隐蔽性越高,事件之间的关联关系越容易被忽略。

第四节　灾害情景演化及应对措施的 时空特征分析

　　灾害系统致灾过程的核心是灾害时空变化的动力学过程,灾害情景演化既体现在灾害后果随时间其状态的变化,又表现为在空间区域的蔓延,"情景—应对"型应急决策的制定也应遵循灾害后果发展的时空特征。①

众所周知,突发事件的发生发展遵循一个特定的生命周期,会经历发生、发展和减缓等阶段。突发事件发生发展的不同时刻,承灾体灾害后果不是一成不变的,可能是已出现的灾害后果发生变化或有新的灾害后果产生。因此,应急响应所面临的灾害后果存在阶段性②,需采取不同的应急措施,才能有效应对当前阶段出现的灾害后果。应急预案中虽然明确规定了突发事件的应急响应措施,比如按照应急组织体系及职责或应急响应等级等,但基本均为一种静态的整体观,而忽略了应急响应措施随时间所体现出的阶段性。因此,决策者不仅需要从全局的角度部署和规划,更应依据突发事件发生发展各个阶段所呈现的不同灾害后果及其紧迫程度,掌控应急管理工作的轻重缓急,以保证救援工作有条不紊进行、应急资源的优化配置,实现高速高效的"情景—应对"。

一、灾害情景演化的时—空特征分析

如图 3-13 所示,对应急决策中信息需求的时空特性进行分析,其中空间维为构成区域的关键承灾体,时间维反映事件的生命周期,不同承灾体在突发事件的不同阶段可能对应一种或多种灾害后果。因此,本小节认为突发事件发生发展的时间和空间因素信息是"情景—应对"型应急管理决策的关键依据。

伴随突发事件的生命周期,其影响扩散具有时间序列特征和演化特

---

① 参见郗子君、荣莉莉、颜克胜:《基于新闻报道的突发事件灾害后果及其应对的时空分析——以汶川 8.0 级地震为例》,《灾害学》2015 年第 4 期;史培军:《五论灾害系统研究的理论与实践》,《自然灾害学报》2009 年第 5 期。

② 参见薛澜、钟开斌:《突发公共事件分类、分级与分期:应急体制的管理基础》,《中国行政管理》2005 年第 2 期。

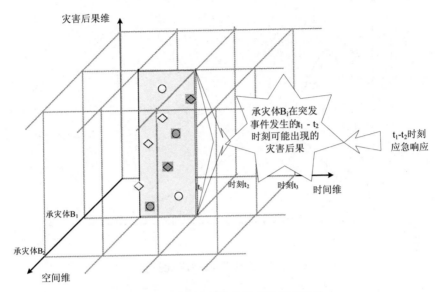

图 3-13　应急决策信息需求的时空特性

征,通过对历史灾情资料以及有关突发事件生命周期理论的相关研究成果分析,可以把突发事件影响扩散分为即时型、突发型和舒缓型 3 种类型①,在事件的自然消退和应急响应措施的共同作用下,其影响态势大致符合图 3-14 中各曲线的变化趋势。

(1)即时型:突发事件暴发之前没有潜伏期或潜伏期非常短,暴发后所产生的影响也没有明显的演化过程。此类突发事件多为天灾,如雷击、陨石坠地等。如图 3-14 中的曲线①。

(2)突发型:事件暴发之前的潜伏期较短,而发展、演化也比较迅速,此类事件暴发后,会随着内外力共同作用的态势演化而在较短时间内造成严重灾害后果,就突发事件本身的影响强度而言,下降也比较快。此类事件多为自然灾害,如地震、海啸等。如图 3-14 中的曲线②。

① 参见张岩:《非常规突发事件态势演化和调控机制研究》,中国科学技术大学博士学位论文,2011 年。

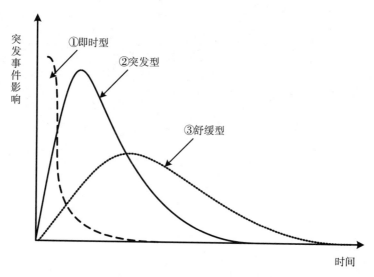

图 3-14　突发事件影响变化类型

（3）舒缓型：具有较长的潜伏期，演化态势平和，持续时间较长，而事件影响的扩散速度也较慢。如图 3-14 中的曲线③。由于这类事件的舒缓性，具备一定的隐蔽性，如果预案启动不及时或应对措施不当，就有可能演化为严重次生事件，从而造成更大的损失，如 2008 年南方的雪灾。

薛澜等根据社会危害可能造成危害和威胁、实际危害已经发生、危害逐步减弱和恢复 3 个阶段，将突发公共事件划分为预警期、暴发期、缓解期和善后期 4 个阶段。① 预警期主要为事前的预警预备，主要任务是防范和阻止事件的发生，尽可能控制事态的发展。暴发期内突发事件灾害后果造成的影响达到最大，进而要求快速有效的应急响应，包括人员抢救和工程抢险，降低人员财产损失并控制灾害后果的蔓延。缓解期突发事件灾害后果的影响逐渐降低，应急响应主要任务为社会正常秩序的恢复和暴发期延续的灾害后果的处理。善后期意味着突发事件的影响逐渐消失，社会秩

---

① 参见薛澜、钟开斌：《突发公共事件分类、分级与分期：应急体制的管理基础》，《中国行政管理》2005 年第 2 期。

序恢复正常,应急工作的重点在于对事件响应过程进行总结与提升。

在此基础上,我们认为具体到不同影响扩散类型,各类突发事件生命周期的划分方式也不尽相同,各阶段所占整个生命周期的比例亦存在差异。对于即时型突发事件,暴发于一瞬间,基本没有潜伏期,暴发后灾害后果也没有明显的演化过程,因此可以将即时型突发事件的影响分为两个阶段:暴发期和善后期;突发型事件存在潜伏期,但潜伏期一般较短或不容易被捕捉,预警期短暂或与事件暴发同时进行,快速进入暴发期,产生严重灾害后果,随着应急响应的干预及致灾因子强度减弱,突发事件影响逐步减弱,最后趋于平稳,对于此类型事件,可以将其影响划分为暴发期、缓解期和善后期3个阶段;舒缓型突发事件,相比于以上两类事件,具有较长的潜伏期,事件影响的扩散也比较舒缓,态势演化平和,如果能都得到有效控制,则不会造成严重灾害后果,否则灾害后果影响逐步扩大,积累到一段时间会呈现暴发性,随后在应急干预等作用下逐步减弱消失,具有明显的四阶段性。

二、灾害后果及其应对的时—空变化实证分析

通常,突发事件发生后,大众传媒在灾情信息传播方面起到重要的作用,政府通过各大媒体及时公布政府为应对突发事件所做的决策和行动。分析发现,在突发事件的各个时期,媒体报道也会有不同的侧重点,它反映出当前阶段的主要承灾体及其灾害后果与应急响应状态,在数量上表现为一定的阶段性,体现事件影响程度的变化。① 魏玖长等亦选取媒体报道作为突发事件相关研究的数据来源。② 受此启发,本节借鉴上述研

---

① 参见魏玖长:《危机事件社会影响的分析与评估研究》,中国科学技术大学博士学位论文,2006年。

② Cf.Wei J., Zhao D., & Liang L., "Estimating the Growth Models of News Stories on Disasters," *Journal of the Association for Information Science & Technology*, 2009, 60(9), pp. 1741–1755.

究,选取新闻报道作为区域灾害情景演化时空分析的数据来源,依据公共安全三角形、突发事件生命周期与共词分析等理论,以地震为例,分析了突发事件灾害情景演化的时空特征及其对应的时空变化。

1. 数据源选择

由于新浪专题收录 200 余家媒体的报道,报道内容较为全面,因此,选择新浪网专题报道作为数据来源。本研究主要以地震为例进行分析,以新浪网新闻中心的专题报道作为数据源,收集"新闻中心>国内新闻>青海玉树县 7.1 级地震专题"、"新闻中心>国内新闻>四川汶川发生地震专题"、"新闻中心>国内新闻>四川雅安芦山县 7.0 级地震"的新闻报道,对相同新闻报道(来源于不同媒体的同一篇新闻报道)进行去重及合并,共得到汶川地震相关新闻报道 19434 篇、玉树地震 4156 篇、芦山地震 2218 篇,通过统计每起地震发生后的新闻报道数量,得到如图 3-15 所示的结果。同时,提取每篇新闻的标题、报道时间作为进一步分析灾害后果及其应对的时空特性的基础数据。

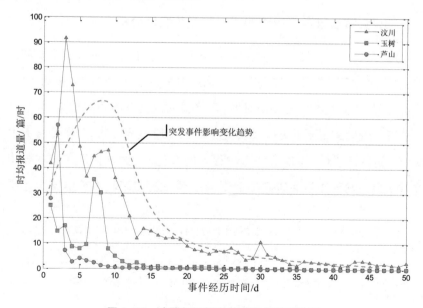

图 3-15　地震新闻报道量变化趋势对比图

如图 3-15 所示,通过对新浪专题中有关汶川、玉树、芦山地震发生后新闻报道的统计分析发现,相关新闻报道量随时间发生时间的推进的变化趋势与突发型事件影响态势的变化(虚线)基本相符。因此,可以得出如下结果:新闻报道数量的变化趋势,可以反映某突发事件造成的影响程度的变化。

2. 突发事件阶段划分

从中选择汶川地震展开分析。通过对初始数据的初步观察和分析,新闻报道大都集中在突发事件发生的近期,汶川地震 2008 年 5 月 12 日—7 月 15 日 65 天总计便有 18785 篇,占整个突发事件总报道量的 96.66%,基本涵盖了该事件所有信息,所以本研究以此 65 天的新闻报道数据为基础,对突发事件的影响阶段进行划分。图 3-16 为汶川地震每日时均报道数量变化趋势,报道数量在地震发生的第 3 天达到最大 91.6 篇/时,65 天内每小时的平均报道量为 12.04 篇。

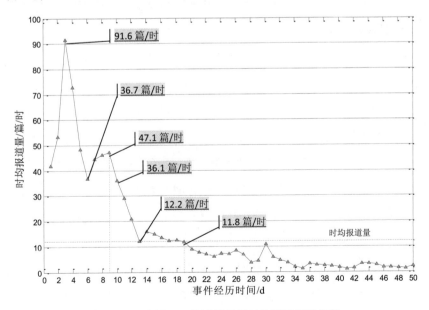

图 3-16　汶川 8.0 级地震每日时均新闻报道趋势

事件的报道曲线用 $N(t)$ 表示，$t\in N*$，$N(i)$ 代表第 i 天的时均报道量。通过图 3-16，可以直观观察到，突发事件新闻报道的数量呈阶段性，也反映了突发事件影响的阶段性差异。以突发事件报道量曲线为基础，制定以下 3 个准则，对突发事件影响阶段进行划分。

准则 1：以事件周期中的每小时平均报道量（如短虚线所示）为界，首先将事件影响阶段划分为两个部分，均线以上及均线以下。

准则 2：对均线以上部分，按照如下准则继续划分：当 $N(i)\geqslant\min N(t)$，$N(i)\geqslant\max N(q)$ 且 $N(i+1)<\min N(t)$，$t\in[1,i]$，$q\in[i+1,T]$，则将第 i 天为划分突发事件影响两个相邻阶段的分界点，且将第 i 天划于上一阶段。

准则 3：观察均线以下曲线的趋势，若时均报道量持续较低且变化趋势平缓，则不再对其进行划分，如果报道量仍出现较大浮动，则按照标准 2 进行进一步划分。

按照上述 3 项准则，本研究将汶川地震灾害后果的影响划分为 3 个阶段，具体过程如下：

首先，在突发事件生命周期内，汶川地震新闻时均报道数量为 12.04 篇，自事件发生的第 19 天（2008 年 5 月 30 日）起，每日时均报道量开始低于平均报道量，以此为界首先将其划分为两个阶段：2008 年 5 月 12—29 日、2008 年 5 月 30 日—7 月 15 日；

在 2008 年 5 月 12—29 日时间阶段内，报道量有明显的波动，按照准则 2，对其进行进一步划分。观察发现，事件发生第 9 天的时均报道量为 47.08 篇，大于前 9 天的最低报道量（第 6 天的 36.70 篇），且大于之后每日的时均报道量，而第 10 天的时均报道量为 36.13 篇，小于前 9 天的最低报道量，因此，以第 9 天为界对突发事件影响阶段进一步划分，并将第 9 天划分在第一阶段。于是得到汶川地震灾害后果影响的阶段划分：第一阶段为 2008 年 5 月 12—20 日，第二阶段为 2008 年 5 月 21—29 日，第三阶段为 2008 年 5 月 30 日—7 月 15 日。同时,新闻报道按照上述时间段也被相应分为 3 部分,第一阶段新闻报道总量 10995 篇,第二阶段新闻报道总量 4032 篇,第三阶段新闻报道总量 3758 篇。

3. 数据处理及结果分析

一般来讲,承灾体信息在标题中以名词的形式,而灾害后果和应急响应措施则大多为动词,如报道"余震造成青川县城电力(/n,承灾体)中断(/v,灾害后果)广元 7 万间房屋(/n,承灾体)倒塌(/v,灾害后果)","发改委:集中精力抓灾区基础设施(/n,承灾体)的抢修(/v,应急响应措施)工作"。灾害后果通过承灾体体现,应急处置的对象也是承灾体,可以说承灾体是连接灾害后果与应急响应措施的纽带。

表 3-3　突发事件影响阶段一的 Jaccard 相关系数矩阵

	赴/v	受灾/v	捐款/v	支援/v	困/v	遇难/v	……	抢救/v	恢复/v	……	预报/v	拨款/v
人/n	0.0397	0.0290	0.0110	0.0117	0.0357	0.1360	……	0.0174	0.0000	……	0.0015	0.0000
人员/n	0.0583	0.0132	0.0078	0.0282	0.0416	0.0345	……	0.0412	0.0000	……	0.0000	0.0177
都江堰/n	0.0224	0.0266	0.0000	0.0072	0.0314	0.0108	……	0.0068	0.0880	……	0.0000	0.0000
灾民/n	0.0095	0.0000	0.0183	0.0000	0.0456	0.0038	……	0.0228	0.0156	……	0.0000	0.0253
学生/n	0.0099	0.0474	0.0064	0.0000	0.0236	0.0482	……	0.0409	0.0000	……	0.0000	0.0000
伤员/n	0.0549	0.0000	0.0000	0.0000	0.0000	0.0000	……	0.1432	0.0000	……	0.0000	0.0000
游客/n	0.0180	0.0132	0.0000	0.0000	0.1896	0.0405	……	0.0068	0.0070	……	0.0000	0.0000
……	……	……	……	……	……	……	……	……	……	……	……	……
企业/n	0.0115	0.0199	0.1432	0.0113	0.0000	0.0000	……	0.0104	0.0219	……	0.0000	0.0000
铁路/n	0.0000	0.0082	0.0000	0.0092	0.0000	0.0040	……	0.0000	0.1235	……	0.0000	0.0000
……	……	……	……	……	……	……	……	……	……	……	……	……
水质/n	0.0000	0.0000	0.0000	0.0000	0.0000	0.0000	……	0.0000	0.0000	……	0.0000	0.0000

基于上述对汶川地震灾害后果影响的 3 阶段划分,对汶川地震新闻报道的内容进行分阶段分析,主要包括分词处理、高频词语统计,并基于

词频统计数据,筛选出词频大于 10 且与灾情信息相关(名词主要指承灾体,动词包括灾害后果及应急响应措施)的词语集合,对其在同一篇报道中的共现性(Jaccard 指数)进行分析,建立了代表承灾体的名词集与代表灾害后果、应急响应措施的动词集之间的共词矩阵,截取第一阶段部分如表 3-3 所示。当两个词同时出现在一篇报道的标题中时,则这两个词存在共现关系,共现的频次越多,表示两个词之间的关系就越密切。

进一步,分析各类承灾体在不同阶段产生的灾害后果及其变化趋势,图 3-17 承灾体各阶段所对应的灾害后果及应急处置措施变化趋势中横坐标表示 7 大类承灾体(代表承灾体的名词),纵坐标表示与对应承灾体相关的灾害后果和应急响应措施的日均报道次数(与承灾体相关的动词总量),该图描述了各类承灾体在突发事件不同阶段所呈现的灾害后果和对应的应急处置措施的变化趋势。

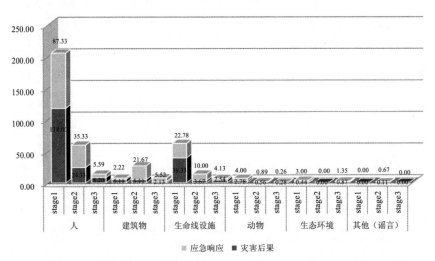

图 3-17　承灾体各阶段所对应的灾害后果及应急处置措施变化趋势

对各类承灾体在全阶段产生的灾害后果类型进行汇总,得到表 3-4 所列的汶川地震灾害后果时空矩阵,空间要素为该区域承灾体组成,时间因素为突发事件整个生命周期。其中灾害后果既包括"受灾""遇难"等总体概括性灾害后果,也包括体现承灾体状态的如"受伤""倒塌"等具体灾害后果。

表3-4　汶川地震灾害后果时空矩阵

承灾体	全阶段灾害后果
人 (灾民、伤员、幸存者、市民、居民、村民、群众、学生、游客、孤儿、职工、孩子、旅客、儿童、员工、男子、老人、青年等)	遇难、受灾(总括型) 被困、被埋、滞留、受创、受伤、伤亡、死亡、失踪
建筑物 (建筑、房、房屋、住房、工程、水库、大坝、渠、博物馆等)	受灾(总括型) 倒塌、垮塌、受损
生命线工程 (道路、铁路、公路、直升机、机场、通道、卫星、飞机、航班、列车、电话、专列、交通、隧道、通讯、东航等)	受灾(总括型) 中断、停、受阻、垮塌、受损、失事
动物 (大熊猫)	遇难(总括型) 受威胁、受伤、死亡、失踪、伤亡
生态环境 (天气、水、地质等)	溃坝、滑坡、上涨、泄
其他(社会)	谣言

同时围绕承灾体对应急任务进行梳理,归纳出汶川地震中的关键应急响应措施,包括"重建""支援""搜救"等表3-5中所示70项。同时与从《四川省地震应急预案》的组织体系及职责和应急响应部分抽取出的应急任务45项进行对比,发现本研究从新闻报道中得到的应急任务几乎涵盖了所有预案中规定的应急响应措施,而且更为详细。

表3-5　汶川地震关键应急任务列表

序号	应急任务	序号	应急任务	序号	应急任务	序号	应急任务	序号	应急任务
1	重建	15	救援	29	派出	43	搜寻	57	查处
2	支援	16	转移	30	监管	44	爆破	58	排查

序号	应急任务	序号	应急任务	序号	应急任务	序号	应急任务	序号	应急任务
3	恢复	17	防疫	31	供应	45	传递	59	安排
4	搜救	18	接收	32	调拨	46	拨款	60	排除
5	赶赴	19	联系	33	空运	47	解救	61	评估
6	安置	20	保障	34	营救	48	抢运	62	发放
7	抢险	21	撤离	35	调运	49	扶贫	63	监督
8	打通	22	抢修	36	援助	50	安装	64	除险
9	启动	23	协助	37	监测	51	解除	65	选址
10	部署	24	泄洪	38	组建	52	募捐	66	澄清
11	救助	25	运输	39	疏散	53	接受	67	挖
12	运送	26	空投	40	增援	54	处理	68	修复
13	抢救	27	预报	41	治疗	55	调查	69	预防
14	救治	28	援建	42	消毒	56	保护	70	拆除

对于不同应急响应措施在地震各阶段的分布,进行了归纳整理,得到如图3-18所示。其中每个阶段的任务组成大约在40项,除18项持续整个事件的任务外,各阶段的大部分任务仍存在差别,统计结果说明突发事件在不同的时期对应着不同的应急响应措施。因此,在制定应急响应策略时,应结合应急响应措施的时序性,实现救援力量和物资的合理调配。

4. 实证讨论

本节从时空的视角出发,选择新浪网新闻专题对"汶川8.0级地震"的报道进行实证分析,以承灾体为核心研究了灾害后果及其对应的应急响应措施随时间发展在空间区域内的变化情况,从而提出突发事件的"情景—应对"一定要遵循灾害后果演化的时空特征。

从实证分析结果中,得出具体结论如下:

(1)突发事件所引发的媒体关注度与其灾害后果的严重程度成正相关,通过新闻报道数量的变化趋势,可以反映某突发事件造成的灾害后果

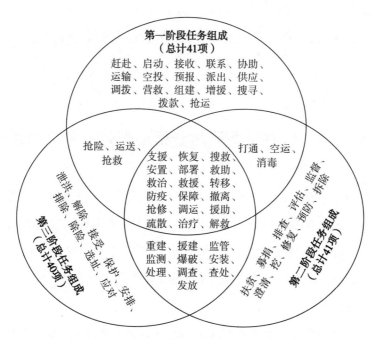

图 3-18　汶川 8.0 级地震关键应急任务分阶段列表

的影响程度的变化。

　　（2）突发事件的不同阶段,灾害后果不尽相同,各类承灾体的救援紧迫程度随时间发生变化。一般来讲,"人"在任何灾害救援整个过程中都应处于核心地位,对于地震、台风等自然灾害,随后考虑的是"生命线工程"和"建筑物",其中对"生命线工程"的救援紧迫性要高于建筑物。这是因为生命线工程不仅与人们生活密切相关,维持着城市的生存功能,且也会因地震破坏导致城市局部或全部瘫痪、引发次生灾害,同时其对于应急救援行动的顺利开展发挥着重大作用,比如通信保障、救援物资的运输等。

　　（3）突发事件的不同阶段,主要应急救援措施组成存在差异。简单来讲,就是应急救援任务之间具有轻重缓急之分。对具体突发事件构建其灾害后果时空矩阵,分析事件各阶段的主要承灾体及其灾害后果,并对应急响应的阶段性进行划分,可以为应急预案的修订和完善以及决策者指导应急准备、优化资源配置,协调救援力量、把握救援进度提供参考意见。

第五节　级联灾害风险分析及应对的研究框架

"情景—应对"已成为重大突发事件①以及非常规突发事件应急决策的基本范式②,情景的构建与推演是实现重大突发事件风险管理的有效手段。2017 年,科技部颁布的《"十三五"公共安全科技创新专项规划》,将重大综合突发事件情景构建与推演作为国家公共安全体系建设需要突破的关键技术之一。

本研究的核心是针对区域灾害损失风险差异的本质,从灾害后果的形成机理出发,研究能够反映受灾区域特征的灾害情景构建及情景演化规律推理问题,为突发事件"情景—应对"提供参考建议。

从第一到四节的分析可以看出,面向级联灾害风险评估的区域灾害情景模型需要满足以下条件:

(1)具有区域适应性,不仅能体现区域间的级联灾害风险的差异,还能反映区域内部潜在灾害级联效应的不均衡性;

(2)能够体现灾害情景的复杂性,不仅适用于单一事件,还应适用于事件之间的连锁反应,满足多灾种的级联灾害综合情景的分析需求;

(3)能够反映承灾体之间的相互作用关系及灾害后果的潜在传播扩

---

① 参见刘铁民:《重大突发事件情景规划与构建研究》,《中国应急管理》2012 年第 4 期。

② 参见刘奕、刘艺、张辉:《非常规突发事件应急管理关键科学问题与跨学科集成方法研究》,《中国应急管理》2014 年第 1 期。

散路径；

（4）能够刻画突发事件发生、发展过程中，灾害后果的时空变化，有利于决策者把握承灾体随时间的态势演变，以服务于突发事件级联风险管理和"情景—应对"。

基于上述分析可以发现，无论是潜在灾害损失空间分布的差异、灾害后果形式的复杂性、灾害后果演化的复杂性、灾害事件之间的复杂关联关系，还是灾害后果的时空特征及其对应的时空变化等，其核心描述都是针对承灾体及其不同的状态的。这些状态有的是初始状态，即原生事件作用下直接产生的；也有的是应急过程中新产生的，即初始状态的演化结果。姜卉等也提到在实际的应急决策中，应将主要精力投入到对受灾体随时间演变而达到的态势的把握上。[①] 因此，本书认为在突发事件的作用下，承灾体可能产生的需要采取应对措施的各种灾害后果（"态"）以及灾害后果之间的演化趋势（"势"）就是构成描述区域级联灾害损失风险的区域灾害情景，如图 3-19 所示。

基于该定义，提出了区域级联灾害情景构建及风险评估的研究思路。按照突发事件发生发展的过程，将级联灾害情景划分为初始情景、演化情景和结束情景，每种情景均通过受灾区域空间内承灾体及其不同的状态来刻画。其中，初始情景是指在原生致灾因子作用下受影响的承灾体及其出现的各种非正常状态；结束情景是指灾情基本得到控制，体现为受损承灾体状态不再继续恶化，且不再有新的承灾体受到破坏，达到了应急预案中规定的应急响应终止条件；而所有由初始情景到结束情景的中间情景，即为演化情景。依此，将灾害情景划分为若干时间切片，刻画是情景的"态"，初始情景和结束情景分别以一张时间切片表示，演化情景通过

---

① 参见姜卉、黄钧：《罕见重大突发事件应急实时决策中的情景演变》，《华中科技大学学报（社会科学版）》2009 年第 1 期。

若干时间切片刻画,各情景时间切片之间通过承灾体状态的转化进行连接,即为情景的演化,刻画的是情景的"势",演化情景中的每一个时间切片,应该为决策者所面临的由于情景态势演变可能导致级联灾害发生的决策点。此决策点的辨识,是级联灾害风险防范和控制的关键。

本研究就是通过研究驱动承灾体及其状态演化的相关影响因素,分析多灾种耦合致灾机理,构建适应不同区域特征的区域级联灾害情景及其演化模型,来反映复杂灾害情景下区域灾害损失风险及其形成过程,服务于应急决策及响应的"情景—应对"。

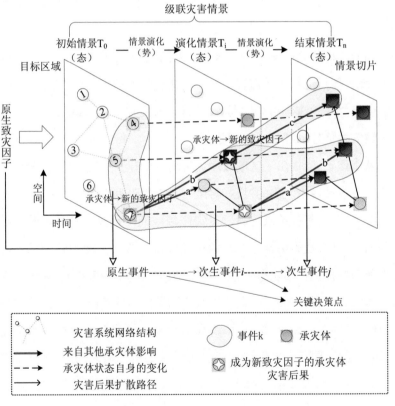

图3-19 区域级联灾害情景及风险分析的概念框架

　　如图 3-19 所示,我们将区域级联灾害情景中灾害后果的产生归结于两个方面:共因效应和级联效应,其中前者指的是多个承灾体在初始致灾因子作用下受损(如图 3-19 中承灾体 4 和 5 和 7),初始情景下承灾体受损主要是因为共因效应的结果,后者指的是由于承灾体之间存在关联,致使某一受损承灾体产生的灾害后果对另一正常承灾体造成破坏(如图 3-19 中路径 a、b 和 c),在灾害情景演化过程中受损的承灾体则大多是级联效应的结果。正是这些受损状态的承灾体导致了灾害后果的扩散、传播和蔓延,这种演化既发生在同种类型的承灾体之间,如感染传染病的人会致使正常人感染,造成传染病的暴发,也可能发生在不同类型承灾体之间,如加油站爆炸波及周边的建筑和人,致使建筑受损造成人员伤亡。次生灾害事件就是级联效应在一定区域范围内造成的灾害后果由量变到质变,最终导致级联灾害发生的过程。

　　在此,对本研究对象进行界定:级联灾害情景建模针对的事件类型主要为自然灾害或事故灾难及其引发的一系列次生事件;所指的区域主要指致灾空间范围所构成的区域或者从防灾减灾规划角度关注的小尺度行政区;时间约束在一定的范围内,主要是指事件孕育、发生和发展的生命周期;考虑的关键承灾体主要为人、建筑环境、经济作物、自然环境等实体承灾体,暂未考虑经济市场、社会舆论等类型。

第四章　城市区域承灾体及其关联特征

人、建筑环境、经济作物和自然环境是构成区域的基本元素,其不同的构成类别和组合形式能够反映不同的区域特征,不仅是各类灾害事件的主要承灾体、灾害后果的客观呈现者,也是应急决策"情景—应对"的直接对象。事件可能发生在不同的区域,各区域承灾体构成、分布和关联特征的差异,是级联灾害风险差异的关键因素,也是制定应急响应策略及应急准备规划的重要参考指标。因此,本章主要围绕城市地区典型承灾体,研究基于承灾体的区域表示方法,剖析承灾体的基本灾害属性及其在区域空间的分布特征,探讨由于承灾体之间关联的存在,造成灾害后果在时空上蔓延,导致级联灾害发生的条件。

第一节　基于承灾体的区域表示及融合

一、承灾体分类标准

首先,对承灾体在区域灾害系统中的功能角色进行了分析:一类只体现"承灾"作用,如图 3-19 中的承灾体 4,一类是体现"承灾"作用同时,蕴含的灾害要素又致使其兼具"致灾"功能,会促生次生致灾因子的形成,如图 3-19 中的承灾体 5 和 7。对于任意区域来讲,一些突发事件的致灾因子如地震、台风、暴雨等是外部因素,在人力控制范围之外,掌控和改变这类致灾因子是困难的,而这些致灾因子作用的承灾体是构成区域的基本单元,把握区域灾害损失风险的关键是通过降低承灾体的脆弱性及次生事件发生的可能性,来减少灾害带来的损失。① 其中,控制次生灾害发生的关键就是对具有危险性的承灾体进行辨识,及时采取有效的应急响应措施防止新的致灾因子的产生和扩散,即所谓的断链减灾。

其次,对承灾体在空间上的分布特征进行分析,按照承灾体在受灾区域空间分布的连续性,划分为连续(不均匀)分布以及离散分布两种类型。前者主要体现为该类承灾体在一定范围内分布密集且性质接近,又明显有别于另一范围,如人、建筑、经济作物;后者主要体现为该类承灾体在所研究区域内分布较为稀疏,然而一旦产生灾害后果,会对周边环境产生较大影响,如重大危险源,或者其本身承担着重要社会功能,如大坝、防灾工程等。

因此,本节综合承灾体在灾害系统中的角色和区域中空间分布方式两个维度,结合突发事件类型分析并界定灾害情景构建时,承灾体隶属的主要类型及其特征,如图 4-1 所示。

二、适应性的区域表示方法

人、建筑环境、经济作物和自然环境是构成任意区域的四大类基本要素,现实区域中各要素之间相互交织、有机融合,构成正常运行的复杂区域系统,通过承灾体相关的社会经济发展宏观指标来度量区域的脆弱性或灾害风险特征,是目前研究最多的区域层次。该层次有利于从宏观上

---

① Cf. Blaikie P., Cannon T., Davis I., et al., *At Risk: Natural Hazards, People's Vulnerability and Disasters*, London: Routledge, 1994.

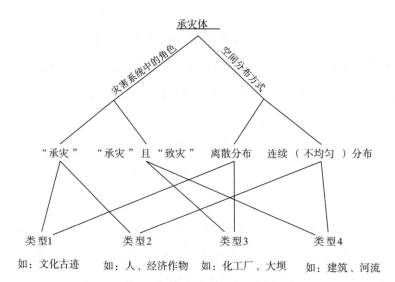

图4-1 承灾体二维分类标准

认识区域间(以行政区域为主)脆弱性和风险状况,却无法反映区域内部的差异,难以为区域的防灾减灾规划、灾后应急救援、资源调配等提供有效信息。①

本章以承灾体为核心,将研究目标区域的表示划分为3个层次,现实区域、区域承灾体层次分布模型及区域级联灾害情景模型。其中,以现实区域宏观分析为基础,研究区域内承灾体的基本灾害属性和空间分布特征,并逐步得到在突发事件影响下能够体现区域级联风险特征的复杂灾害情景模型,基于情景分析的相关方法和手段,实现受灾区域级联灾害事件的"情景—应对"。

不同类型的突发事件所作用的承灾体不尽相同,一部分突发事件影响的承灾体类型较为单一,如疫情事件、交通运输事故、公共设施和设备事故

---

① 参见杨海霞、王晓青、窦爱霞等:《基于 RS 和 GIS 的建筑物空间分布格网化方法研究》,《地震》2015 年第 3 期;安基文、徐敬海、聂高众等:《高精度承灾体数据支撑的地震灾情快速评估》,《地震地质》2015 年第 4 期。

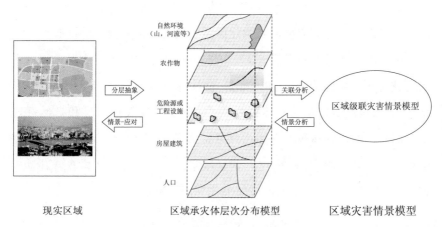

图 4-2　区域表示的 3 个层次

等；一部分突发事件影响的承灾体类别广泛，如地震、台风等自然灾害，核设施事故、危化品事故等生产安全事件等。无论是哪种形式，在灾害损失评估时，都是需要按照承灾体类别分类统计的。承灾体层次分布模型是基于网格管理的理念，按照承灾体在空间上分布方式的共性及差异，把区域中同一类型的承灾体抽取出来，并将描述其基本特征的宏观指标在特定粒度的网格空间上进行展布，从而将现实区域拆分为多层次网格结构。

　　该表示形式有利于研究灾害后果的空间影响范围，以及区域脆弱性或灾害损失风险在空间上的不均匀性。此外，通过不同层次的叠置分析，有利于承灾体之间可能的相互作用关系的分析，灾害后果潜在传播、扩散路径的判断，可作为构建第三个层次即区域级联灾害情景模型的基础。这主要是因为，承灾体在灾害情景中往往不是孤立存在的，不同的受灾区域承灾体构成及其空间分布特征的差异，致使承灾体在不同的区域空间上也会呈现不同的结构或功能组合。多样的组合方式造就了承灾体之间在地理空间上或者功能上存在的各种各样的联系，这些联系是致使灾害后果在空间上的扩散和蔓延，推动灾害情景随时间不断演化、复杂性增强的重要因素之一。

基于上述分析,辨识特定灾害事件下致灾空间范围内的承灾体构成,认识承灾体的空间分布特征是构建区域复杂灾害情景模型的前提。

由于农作物等经济作物,以及可能成为承灾体或者转化为致灾因子的区域自然环境因素,如山川、河流、森林等,一般占据较大的空间范围,易于识别,可以直接从目标区域中提取,分别构成农作物层和自然环境层。而城市区域的建筑环境和人口分布情况则相对复杂,因此,本章重点围绕上述两大类承灾体,研究了其区域空间分布特征,为本书第五章内容,研究考虑承灾体关联的区域模型构建问题奠定基础。

三、承灾体空间分布网格化表示及融合

按照承灾体类别,将区域表示为多层次的承灾体分布模型,每一层次体现的是网格空间上某一种或一类承灾体的分布情况。之所以在构建区域承灾体层次分布模型时选择网格的形式,主要是基于以下两点考虑:

(1)网格化数据以层的方式来组织文件,与本研究承灾体的空间分层表示的思路一致。

(2)网格数据中,物体的空间位置可以用其在笛卡尔平面网格中的行号和列号坐标表示,物体的属性用象元的取值表示,每个象元在一个网格中虽然只能取值一次,但同一象元要表示多重属性的事物则可以利用多个笛卡尔平面网格来实现。该表示方法不仅有利于同一空间位置的不同承灾体的联合分析,还可以同时综合考虑同一承灾体的不同灾害特征,如针对一类承灾体可以分别建立暴露性层、脆弱性层、危险性层等,方便灾害情景分析时的灵活组合。

不同种类灾情的空间分布情况是由致灾因子的作用范围和不同类型承灾体的空间分布范围决定的,当某类突发事件发生作用于多种类型的承灾体时,就对不同层次承灾体之间的综合分析提出了需求。然而,每一类承灾体适合的网格粒度并非是一致的,因此,需要研究不同承灾体之间

如何进行融合。潘耀中等指出,在可能的致灾空间范围内,由于承灾体本身属性的差异,存在许多由承灾体控制的子空间单元,这些子空间对承灾体而言是均质的,因此,在致灾空间内必定存在一些最大的空间单元,超过该单元尺度则不再是均质。[①] 承灾体多种多样,每一类都有自己的最大均质单元,并且不同的"质"与不同致灾因子作用下承灾体体现出的脆弱性相关,因此,即使是同一种承灾体在不同致灾因子作用下的最大均质单元也不相同。我们认为在考虑特定致灾因子的前提下,承灾体的最大均质单元就是该承灾体层次分布时选择的最恰当空间粒度。

潜在致灾区域中存在着不同类型的承灾体,分层表示时可能会对应着不同的最大均质单元,为方便网格化之后的不同层次承灾体之间能够有效融合,以支持承灾体之间关联关系的分析,需要一个统一的标准对区域进行网格化。在此,借鉴栅格数据存储中四叉树结构的编码方法,定义统一标准对不同层次承灾体的空间数据进行组织。本节将任意层次的区域划分为 $2^k \times 2^k$ 的栅格阵列,k 的取值可能为 $0, 1, \cdots, d$,其中最大深度 d,对应为区域网格化处理的最小粒度,该粒度需接近于各承灾体最大均值单元的最大公约数,如图 4-3 所示。

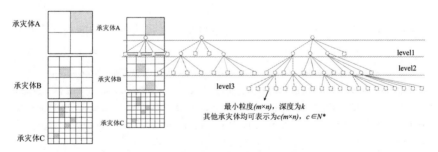

图 4-3　承灾体空间分布网格化粒度选择示意图

---

① 参见潘耀中、史培军:《区域自然灾害系统基本单元研究——I:理论部分》,《自然灾害学报》1997 年第 4 期。

第二节 承灾体基本特征分析

一、承灾体的基本区域特征

无论在区域灾害系统论还是公共安全三角形理论中,脆弱性都是用来描述承灾体的基本属性,但目前对脆弱性具体内涵的定义和理解尚不统一。本节总结了目前关于脆弱性的 6 种典型定义[①]:(1)脆弱性是暴露于不利影响或遭受损害的可能性;(2)脆弱性是个体或系统遭受不利影响而损失的程度;(3)脆弱性是承受不利影响的能力;(4)脆弱性是指不利影响作用下的潜在损失;(5)脆弱性是人、财产或环境对外界不利影响的敏感性;(6)脆弱性是指在不利影响下体现出来的一种内在的弱点。另外,还有诸多学者用一种概念的集合来概括脆弱性,包括暴露性(Exposure)、敏感性(Sensitivity)、恢复力(Resilience)等。[②]

在学习、理解前人对脆弱性研究的基础上,从对区域灾害损失风险影响的角度,提出了本研究对于脆弱性的理解,认为脆弱性是个体或者系统暴露于致灾因子并且易于遭受不利影响而产生损失的一种内在状态或性

---

① Cf.Cutter S.L., Corendea C., *From Social Vulnerability to Resilience: Measuring Progress Toward Disaster Risk Reduction*, UNU-EHS, 2013; Thywissen K., *Components of Risk: A Comparative Glossary*, UNU-EHS, 2006; Birkmann J., Cardona O.D.& Carreño M.L.et al., "Framing Vulnerability, Risk and Societal Responses: the MOVE Framework," *Natural Hazards*, 2013, 67(2), pp.193-211.

② Cf.Fuchs S., Heiss K.& Hübl J., "Towards an Empirical Vulnerability Function for Use in Debris Flow Risk Assessment," *Natural Hazards and Earth System Sciences*, 2007, 5(7), pp.495-506; Weichselgartner J., "Disaster Mitigation: the Concept of Vulnerability Revisited," *Disaster Prevention and Management*, 2001, 10(2), pp.85-94; Cutter S.L.& Finch C., "Temporal and Spatial Changes in Social Vulnerability to Natural Hazards," *Proc Natl Acad Sci U S A*, 2008, 105(7), pp.2301-2306.

质。具有以下特点：

脆弱性是客观存在的个体或系统的内在属性，对于不同致灾因子同一承灾体体现出来的脆弱性不同，虽然分析脆弱性时首先要明确致灾因子的类型，即对于谁的脆弱性，但与事件是否发生无关；脆弱性是相对的，而不是绝对的；脆弱性是动态的，并非一成不变，具有一定的时空特征。

此外，为尽力清晰描述灾害损失风险的影响因素及形成机理，本节对与脆弱性相关的一系列概念进行了简单辨析。

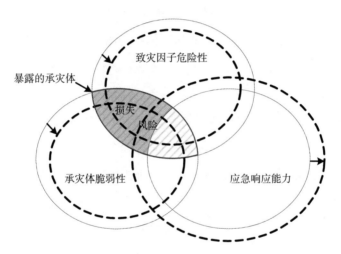

图 4-4　承灾体灾害属性与灾害损失风险影响因素的关系

暴露是承灾体脆弱性体现出来的前提，描述的是谁或者什么、有多少（数量、价值等）会处于不利影响下[①]，只有承灾体暴露于致灾因子下，才会遭受到不利影响，暴露量的大小与损失大小直接相关，如图 4-4 中阴影部分。

敏感性是脆弱性的本质，反映的是系统或元素的弱点，决定了在遭受

---

① Cf.Cutter S.L., Barnes L.& Berry M.et al., "A Place-based Model for Understanding Community Resilience to Natural Disasters," *Global Environmental Change*, 2008, 18 (4), pp. 598-606.

不利影响以后,承灾体受损的难易程度,敏感性虽是一种固有属性,但表现形式与外在环境相关。

目前关于恢复力与脆弱性之间的区别与联系,一直备受争执,有学者认为恢复力是构成脆弱性的一个维度①,有学者认为恢复力和脆弱性是并列存在的。本研究则偏向于将恢复力分为两个组成部分:一部分为内在的恢复力,称为适应性(Adaptivity);一部分为外在的恢复力,称为应对能力(Coping Capacity)。其中适应性描述的是机体对于不利影响的抵抗和吸收能力,本身可归结为敏感性的一部分,应对能力是在针对不利影响造成的后果的应急响应能力,并非承灾体自身的特点,因此,不应纳入脆弱性。致灾因子一定的情况下,应对能力和脆弱性,共同决定不利影响所造成的破坏程度的大小,如图4-4阴影中的深色部分。

而在承灾体脆弱性的具体度量维度上,对个体和系统而言,所需考虑的因素也不尽相同。对于承灾体个体而言,如人、建筑、工程设施等,敏感性直接决定其脆弱性,通过系列生物—物理指标来衡量,对敏感性划分等级;对于承灾体系统而言,如社区、城市等,暴露性、敏感性和恢复力共同作用决定了系统的脆弱性,在个体特征的基础上,更多体现社会—经济特征,不仅需要考虑暴露于不利影响的承灾体种类、数量和空间分布特征、承灾体表现出的敏感性,还要考虑区域在不利影响中恢复过来的能力,此时,对于承灾体个体而言属于外部因素的应对能力,对于区域整体而言,也成为了内部因素,通常以衡量区域应急能力建设的社会指标来衡量,如防灾减灾投入、应急预案的完备性、医疗水平等。

在本研究中,主要是从承灾体个体的视角出发,研究区域风险的整体

① Cf.Birkmann J.,Cardona O.D.& Carreño M.L.et al.,"Framing Vulnerability,Risk and Societal Responses:the MOVE Framework,"*Natural Hazards*,2013,67(2),pp.193-211;Fekete A.,Damm M.& Birkmann J.,"Scales as a Challenge for Vulnerability Assessment,"*Natural Hazards*,2010,55(3),pp.729-747.

特征,因此,从个体的角度分析承灾体的脆弱性,从整体的角度,考虑承灾体的暴露性和区域的应对能力。

此外,在上述传统承灾体基本特征的度量维度之上,基于公共安全三角形理论中的灾害要素的思想,本研究引入危险性一维。危险性描述的是承灾体自身蕴含的灾害要素(物质、能量或信息)[①]在承灾体受到破坏后而释放所造成的不利影响的程度,是决定承灾体是否具有转化为致灾因子可能的关键指标。承灾体破坏导致其蕴含的灾害要素的释放,是产生次生事件的必要条件,也是连锁反应发生、事件链形成的基本原理。在危险性的度量上,参考重大危险源潜在灾害后果预测的"最大危险原则"[②],即如果承灾体蕴含的灾害要素有多重形态,按照后果最严重灾害要素的事故形态考虑;如果一种灾害要素具有多种事故形态,按照后果最严重的事故形态考虑。

二、基于"情景—应对"准则的承灾体状态划分

区域灾害情景刻画的就是事件当前造成的灾害后果以及在当前灾害后果的基础上向未来发展的趋势,是通过承灾体状态以及状态之间的转化来呈现的。当灾害发生后,承灾体受到不同程度的影响,可能产生各种各样的状态,从不同的需求出发,这些状态可以有各种定义方法,如传染病事件中为控制疫情、及时分类诊治,将人的状态划分为正常、疑似、感染、免疫、死亡等,在地震中为实现受灾人员的营救和安置等,将其划分为死亡、重伤、轻伤、失踪、失去住所等;在地震现场工作标准中,为了便于计算经济损失,关键基础设施状态被划分为基本完好、轻微破坏、中等破坏、

① 参见范维澄、刘奕:《城市公共安全体系架构分析》,《城市管理与科技》2009 年第 5 期。

② 参见沙锡东、姜虹、李丽霞:《关于危险化学品重大危险源分级的研究》,《中国安全生产科学技术》2011 年第 3 期;《重大危险源分级标准》,国家安全生产监督总局网站 2007 年 6 月 12 日,http://www.chinasafety.gov.cn/2007-06/12/content_245285.htm。

严重破坏和损毁5种破坏等级;重大危险源状态从结构破坏程度上进行分类时与基础设施破坏状态划分类似,但引发的灾害后果可能包含不同程度的起火、爆炸、有毒物质泄露等,这些状态极易造成次生灾害的发生,从次生灾害防御的角度分析,仅从结构上去划分状态不能满足这类情景应对的需求。

以上分析可以看出,每个承灾体可能对应多个不同程度及形式的破坏状态,这些都可以称为受损状态。其中,有些程度的受损状态在可修复的范围内,通过修复能恢复到正常状态,同时需要对目前的灾害后果进行控制,避免进一步扩大;有些程度的受损状态已超过可修复的水平,无法恢复,但其所产生的灾害后果却可能影响其他承灾体,需要进行控制,避免次生灾害的产生。需要特别指出的是,即使是有些正常的承灾体,也是在情景应对决策需要考虑的范畴之内,如地震中没有受到任何伤害的人,需要疏散、安置,传染病中未感染的人,需要隔离、防护等。

灾害情景中状态的确定是为了灾害情景的有效应对。因此,本研究从突发事件灾害后果的共性出发,结合应急响应的目标、原则,即以人为本,以控制好已经出现的灾害后果,避免灾害后果进一步扩大为目标,从风险控制的角度,将应急决策面临的承灾体状态分为3类:正常、受损(可恢复)、损毁(不可恢复),并分析了承灾体状态之间的转换关系,如表4-1所示。

表4-1　承灾体状态及其应对准则

承灾体状态	正常	受损(可恢复)	损毁(不可恢复)
使灾害损失最小化的应对准则	保持现状 不再出现受损状态	控制事态 恢复正常状态 不引发次生事件	不引发次生事件

基于上述分析,构成情景的承灾体状态的确定,应该以应对准则为依

据,即使是正常状态,只要具有相应的应对准则,就是需要确定的承灾体状态,是需要在应急响应中重点应对的;而不需立刻处置的承灾体状态,属于事后灾害重建关注的内容。表4-1中应对准则的重要性在于,这些任务若不完成,应急响应无法终止。

这样,针对不同事件,可将其作用的承灾体的状态分为正常、受损(可恢复)、损毁(不可恢复)3类,基于表4-1确定不同承灾体的应对措施。由于应急救援目标是以人为本,应急中对于人、工程,其处置方式不同,需要分别进行分析。

人在突发事件中可分为3种状态:没有受到伤害的正常状态、可逆的受损状态、死亡。正常状态需要维持灾害前的生活状态,应对包括安置、保障衣食住行等;还需要防护,避免受二次伤害,如感染;还需要监控,避免出现新的危害,如社会安全事件。可逆受损状态一般是受伤、生病、失踪,需要进行应对,包括搜、救、治疗等。死亡发生后,需要预防次生事件。

工程在突发事件中也可分为3种状态:没有受到伤害的正常状态、可逆的受损状态、彻底毁坏。对于正常状态,需要监控危险源周边的工程;对于损坏状态,需要应对,包括控制损失最小化、生命线工程等基础设施的恢复、并防止次生事件隐患;对于彻底毁坏,则需要预防次生事件。

三、承灾体的灾害演化属性

突发事件连锁反应机理研究表明[1],灾害链的发生是由多种致灾因子、承灾体和孕灾环境累积作用的结果,会导致比单个灾种简单叠加更加严重的灾害后果。某一事件中承灾体受到破坏,灾害要素释放产生的灾害后果可能扩散到另一个事件的孕灾环境,转化为新的致灾因子而导致

---

① 参见荣莉莉、谭华:《基于孕灾环境的突发事件连锁反应模型》,《系统工程》2012年第7期。

次生事件的发生。如火灾导致化工厂爆炸污染物泄漏(致灾因子——火,孕灾环境——整个化工厂,承灾体——人、厂房设施、污染物容器),污染物随管道流入河流中,则导致水污染事件的发生(致灾因子——污染物,孕灾环境——河流及周边环境,承灾体——河流、河流中的生物及依靠河流提供水源的人及其社会经济活动),其中污染物的泄漏就是承灾体污染物容器在前一个事件中的灾害后果,又成为后一事件的致灾因子。如此,两个事件通过前一事件的承灾体就有发生连锁反应的可能,这就是承灾体的灾害演化属性。

1. 承灾体状态的演化模式

灾害情景演化的本质就是灾害后果的扩散、传播和蔓延,其中起关键作用的就是那些导致次生事件发生的承灾体受损状态,此时也是承灾体的灾害演化属性的体现。

然而,并不是所有承灾体的受损状态都会体现出承灾体的灾害演化属性,其是在特定致灾因子作用下承灾体体现出的脆弱性和危险性决定的。结合承灾体状态分析其灾害后果在灾害演化中的作用,本研究将承灾体状态的演化模式概括为 4 种类型:

(C-Ⅰ)承灾体某状态具有扩散性质,会影响其他承灾体,不再受原生致灾因子以外的承灾体灾害后果的影响;

(C-Ⅱ)承灾体某状态具有扩散性质,会影响其他承灾体,也会受到其他承灾体灾害后果的影响;

(C-Ⅲ)承灾体某状态不具有扩散性质,会受到其他承灾体灾害后果的影响;

(C-Ⅳ)承灾体某状态不具有扩散性质,且不再受到其他承灾体灾害后果的影响。

此外,承灾体状态的演化模式也是构建区域承灾体层次分布模型时,判断该类承灾体适合离散分布还是连续分布需要参考的重要依据,一般而言,对于第(C-Ⅰ)类和第(C-Ⅱ)类演化模式,自身作为承灾体的同时又成为造成其他承灾体受损的致灾因子,在灾害演化过程中发挥着纽带作用,需要重点关注,因此更适合离散分布;而对于那些大量的、主要体现"承灾"的承灾体,以连续不均匀的分布方式去划分子区域再进行离散化考虑可以降低模型的复杂程度。正与上一节中,从承灾体在灾害系统中的角色和在区空间的分布方式两个维度划分承灾体类别相一致。

2. 承灾体状态的演化路线

基于第三章区域级联灾害情景分析框架,灾害情景是由初始情景到结束情景之间的若干时间切片及其间的转化构成。灾害情景演化过程中某时刻静态的一个时间切片(图3-19),可以看作是该时刻灾害情景的状态,通过事件影响下该时刻承灾体产生的状态来体现,该状态随着时间而改变,即为情景的演化趋势,通过承灾体不同状态之间的转换来体现,而某时刻的灾害情景的状态,又是由前一时刻的状态演化而来的结果,如果事件影响下承灾体所有的状态都已知,则可利用这些状态之间的转化来表示情景的演化趋势。因此,该部分主要研究承灾体状态演化路线的确定。

承灾体状态的演化路线,是由承灾体的灾害演化属性、承灾体之间的关联及其应对措施共同作用的结果。基于上节研究中对承灾体状态及其演化模式的划分方式,以灾害损失风险最小化为原则,确定应对措施,分析承灾体状态之间的可能的转换路线,如图4-5所示。图中体现了灾害情景应对过程中的3个主要工作:救人、工程抢险、防御次生灾害。

图中椭圆表示承灾体状态,矩形表示应对措施,由一个应对措施节点出来的实线表示或的关系,只取其中一种情况发生,虚线则表示可能出现的结果。通过图4-5可以体现出情景应对可能出现的各种不同程度的结果,其中最乐观的结果是状态之间的转换只在实线之间进行,而最悲观的结果是虚线所表示的状态转换情况全部发生。承灾体状态的转换促使

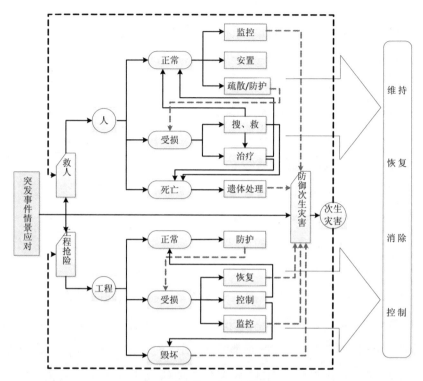

图 4-5　承灾体状态演化逻辑路线

灾害情景由时间切片连接为时间序列。

　　具体到特定事件,首先根据目标区域和事件类型将承灾体具体化,再按照上述逻辑路线分析承灾体状态的演化路线。就地震而言,灾害情景更为复杂,不仅涉及的承灾体众多,往往引发次生事件,并且由于不同区域的承灾体构成及其空间布局的差异,灾情具有明显的地域特色。假设区域中存在包括人、生命线工程和建筑工程的一般区域 A,以及再包含化工厂等重大危险源的区域 B,按照图 4-5 的逻辑可以得到图 4-6 的情景图。

　　利用承灾体状态演化逻辑路线,可以分析不同突发事件的灾害情景中的承灾体状态演化过程,其中有几个关键步骤:首先是对事件发生区域

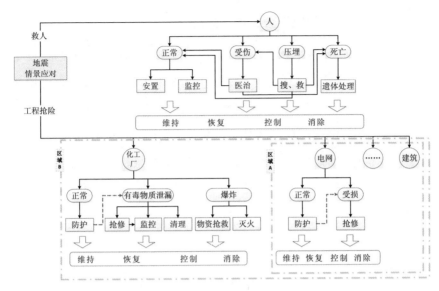

图4-6　某地区地震灾害情景中承灾体状态及其演化路线

关键承灾体的识别,包括人、建筑工程等,尤其是可能引发次生灾害的重大危险源;其次,要明确区域内各类承灾体在该突发事件中可能出现的所有状态,并分析各类承灾体的演化属性及其应对措施;最后是确定应对措施可能导致的各种结果。这样,就可以基于图4-5所示逻辑分析某突发事件在具体区域中的灾害情景及其应对措施。

第三节　城市地区典型承灾体空间分布特征

历史上出现的典型级联灾害,大多发生在城市地区。城市中复杂的建筑环境和相对密集的人口分布特点,为级联灾害的发生和发展提供了便利的孕灾条件。本节聚焦于城市中的建筑环境和人口分布特征,分别从脆弱性和暴露性等维度展开分析。

一、建筑环境的空间分布特征分析

区域建筑环境是灾害损失评估过程中需要考虑的重要组成部分,主要包括各类型房屋建筑和关键基础设施。在重大灾害风险及损失评估(如地震、暴雨、台风等)工作中,可能受到破坏并造成不同损失的各类人工建筑和设施的类型、数量和分布等信息是评估工作开展的基础。在2016年中国地震局发布的"大中城市地震灾害情景构建"重点专项申报指南中,建筑及关键设施基础易损性分析、破坏程度及其空间分布评估是其中待研究的关键内容。

1. 建筑物分类

本小节以利于获得建筑环境在灾害中的破坏程度及其空间分布为目标,因此,在对建筑物的考量上,需要综合两方面的因素,既可以体现建筑物脆弱性的差别,又能够体现在地理空间上的分布情况。以此为出发点,选择从功能和结构两个维度,对建筑物分类进行探讨。

功能分类是根据房屋的用途将其分为若干组别,同一组的房屋具有相同用途。不同用途的房屋,它的内存物不同,如居住建筑主要是居民及其财产,工业建筑内则会包含工业原料等,其所占用的人群数量也不同,因此,在遭受灾害时的损失的类型和程度也会存在差异。按照功能将建筑物进行分类,可以实现建筑与区域土地利用类型的对应,通过区域土地利用现状,可以近似推算各类型建筑物的空间分布情况。如在《城市用地分类与规划建设用地标准》中,居住用地上明确了低层住宅、中高层住宅和简陋住宅的用地类型;公共管理用地上明确了文化设施建筑、医疗卫生建筑、行政办公建筑等的用地类型;工业用地上按照是否存在干扰、污染和安全隐患布局各类工矿企业的生产车间、库房建筑等。通常,在各类统计年鉴中,也倾向于从功能的角度对建筑进行分类统计。如在上海市统计年鉴中,即对上海市各类房屋按照房屋的功能类别统计其构成及分布情况,首先分为居住房屋和非居住房屋两大类,居住房屋又分为花园式住宅、公寓、职工住宅、里弄、简屋等,非居住房屋分为工厂、学校、仓库堆栈、办公楼、商场店铺、医院、影剧院等。

此外,按照功能划分的另一个优势是可以通过对建筑物内存物蕴含的灾害要素的危险性的判断,分析区域中可能成为危险源(能够转化为致灾因子的承灾体)的危险设施的空间位置及分布特征。这些设施遭受破坏后,可能引发严重的灾害,例如火灾、水灾、爆炸、放射性物质或有毒物质污染等。通过对历史灾害链中的次生灾害类型及重大危险源本身的研究,将能够转化为致灾因子的承灾体概括为三大类,主要包括防灾工程设施(如大坝)、核电站、存有易燃易爆有毒物质的仓库及容器。结合危险物质的危险程度、容量等信息,可以估算危险设施影响范围,这是判断潜在次生灾害,实现复杂灾害场景构建的前提。这些工作的完成是一项复杂的系统工程,需要多学科领域的协同合作。

结构分类是依据结构形式、建筑材料和设防标准等进行划分,不同类型的结构形式、建筑材料或设防标准的建筑在抵抗外界冲击时的性能存在差别,直接决定了建筑物的脆弱性。在《重大自然灾害损失统计制度》的建筑物统计中,对于受损建筑按照钢混结构(RC)、砖混结构(MC)、砖木结构(BW)和其他结构(OS)(土木结构、木结构、石砌结构等)分别进行统计。在尹之潜、杨文淑编著的《地震损失分析与设防标准》中[①],以结构、材料和是否设防 3 个维度为基本原则,将我国的房屋建筑分为 21 类168 种,并将脆弱性等级从低到高划分为 A、B、C、D 4 级,如多层钢框架结构—8 度设防为脆弱性 A、高层钢框架结构—未设防脆弱性为 B、单层砖柱厂房—未设防脆弱性为 C,极少量的生土结构及石砌结构脆弱性为D。根据其对我国房屋类型的调查,大多数房屋建筑的脆弱性等级在 B—

① 参见尹之潜、杨淑文:《地震损失分析与设防标准》,地震出版社 2004 年版。

表4-2　城市地区建筑物功能—结构分布矩阵形式

土地类型 建筑功能	居住用地(R)			公共管理与公共服务用地(A)									商业服务业设施用地(B)					工业用地(M)			物流仓储用地(W)			道路与交通设施用地(S)					公用设施用地(U)				绿地及广场用地(U)			结构类型
	R1	R2	R3	A1	A2	A3	A4	A5	A6	A7	A8	A9	B1	B2	B3	B4	B9	M1	M2	M3	W1	W2	W3	S1	S2	S3	S4	S9	U1	U2	U3	U9	G1	G2	G3	
低层居住建筑	√	√	√	○	○	○	×	○	○	×	○	○	√	○	○	×	○	○	○	○	○	×	○	×	×	×	×	×	×	×	×	×	×	×	×	——
多层居住建筑	○	√	√	○	○	○	×	○	○	×	○	○	√	○	○	×	○	○	○	○	○	×	○	×	×	×	×	×	×	×	×	×	×	×	×	MC;BW
高层居住建筑	×	√	√	○	○	○	×	○	○	×	○	○	√	○	○	×	○	○	○	○	○	×	○	×	×	×	×	×	×	×	×	×	×	×	×	RC
……	……			……									……					……			……			……					……				……			……
教育设施	√	√	√	○	√	○	○	○	○	○	○	○	√	○	○	×	○	○	○	○	○	×	√	×	×	×	×	×	×	×	×	×	×	×	×	MC
医疗设施	√	√	√	○	○	○	○	√	○	○	○	○	√	○	○	×	○	○	○	○	○	×	√	×	×	×	×	×	×	×	×	×	×	×	×	MC;RC
办公建筑	○	○	○	○	○	○	○	○	○	○	○	√	√	○	○	√	○	○	○	○	○	×	√	×	×	×	×	×	×	×	×	×	×	×	×	MC;RC
……	……			……									……					……			……			……					……				……			……
商业服务设施	√	√	√	○	○	√	○	○	○	○	○	√	√	√	√	√	√	√	√	○	○	×	○	×	×	×	×	×	×	×	×	×	×	×	×	MC;RC
文化设施	√	√	√	○	○	○	○	○	×	×	×	○	√	√	√	×	√	○	○	○	○	×	○	×	×	×	×	×	×	×	×	×	×	×	×	MC
体育设施	√	√	√	○	○	○	○	○	×	×	×	○	√	√	√	×	√	○	○	○	○	×	○	×	×	×	×	×	×	×	×	×	×	×	×	RC
……	……			……									……					……			……			……					……				……			……
对环境基本无干扰、污染的工厂	○	√	√	○	×	×	×	×	×	×	×	×	×	○	○	×	○	√	√	√	○	×	○	×	×	×	×	×	○	○	○	○	×	×	RC;BW;MC

续表

土地类型 建筑功能	居住用地 (R)			公共管理与公共服务用地 (A)									商业服务业设施用地 (B)					工业用地 (M)			物流仓储用地 (W)			道路与交通设施用地 (S)					公用设施用地 (U)				绿地及广场用地 (U)			结构类型
	R1	R2	R3	A1	A2	A3	A4	A5	A6	A7	A8	A9	B1	B2	B3	B4	B9	M1	M2	M3	W1	W2	W3	S1	S2	S3	S4	S9	U1	U2	U3	U9	G1	G2	G3	
对环境有干扰、污染的工厂	×	×	×	×	×	×	×	×	×	×	×	×	×	×	×	×	×	×	○	○	○	×	○	×	×	×	×	×	×	×	×	×	×	×	×	—
普通储运仓库	×	×	×	○	○	○	×	○	×	×	×	○	○	×	×	×	○	○	○	○	∨	×	∨	×	×	×	×	×	×	×	×	×	×	×	×	RC;BW;MC
危险品仓库	×	×	×	×	×	×	×	×	×	×	×	×	×	×	×	∨	×	×	×	×	×	×	∨	×	×	×	×	×	×	×	×	×	×	×	×	RC;MC;OS
……	⋮	⋮	⋮	⋮	⋮	⋮	⋮	⋮	⋮	⋮	⋮	⋮	⋮	⋮	⋮	⋮	⋮	⋮	⋮	⋮	⋮	⋮	⋮	⋮	⋮	⋮	⋮	⋮	⋮	⋮	⋮	⋮	⋮	⋮	⋮	RC;MC
加油站	×	×	×	×	×	×	×	×	×	×	×	×	×	×	×	∨	×	○	○	○	○	○	○	×	○	×	×	×	×	×	×	×	×	×	×	RC;MC
……	⋮	⋮	⋮	⋮	⋮	⋮	⋮	⋮	⋮	⋮	⋮	⋮	⋮	⋮	⋮	⋮	⋮	⋮	⋮	⋮	⋮	⋮	⋮	⋮	⋮	⋮	⋮	⋮	⋮	⋮	⋮	⋮	⋮	⋮	⋮	⋮
结构比例	RC(%);MC(%);BW(%);OS(%)			RC(%);MC(%);BW(%)									RC(%);MC(%);BW(%);OS(%)					RC(%);MC(%);BW(%);OS(%)			RC(%);MC(%);BW(%);OS(%)			RC(%);MC(%);BW(%);OS(%)					RC(%);(%);(%);OS(%)				RC(%);MC(%);BW(%);OS(%)			

注：∨适建 ×不适建 ○由城市管理部门根据具体条件和规划要求确定。表中未列入的建设项目，应由城市规划行政主管部门根据对周围环境的影响和基础设施的条件，具体核定。

C 之间,设防标准较高的钢筋混凝土和钢框架结构建筑易损性等级在 A—B 之间。

2. 建筑物空间分布矩阵构建

依据各地区的《各类建设用地适建范围表》,本节从建筑功能类型维度,分析建筑与区域土地利用类型的对应情况,通过区域土地利用现状,近似得到各类型建筑物的空间分布情况,如表 4-2,并且根据建筑的功能特点,能够进一步对依托于各类型建筑的关键基础设施进行空间定位。

建筑的功能和结构之间有着密切的联系,如 Rini Mulyani 等为评估飓风灾害风险,基于城市规划机构提供的官方数据,对印度尼西亚巴东市的建筑分布进行了统计,结果显示,在该市中,20%左右住宅建筑为未加固的砖木或无筋砌体结构,80%为约束砌体结构或钢筋混凝土框架结构;公共建筑和商业建筑绝大多数为钢筋混凝土框架结构;大型商业建筑和工业设施大多为钢框架结构。在区域建筑物分布矩阵基础上,对各功能建筑的建筑结构进行分析,则可以推算每个土地利用类型上的建筑结构比例,继而有利于建筑脆弱性空间分布情况。Rini Mulyani 等在建筑分类统计的基础上,基于 Google 卫星地图对各个结构建筑的分布进行了识别,分析了各类土地利用功能区上,不同类型结构建筑的占比情况,如分布于城市地区居住用地和居住工业混合用地上的建筑物结构,砌体结构分别占 13.1%、11.6%,砖混结构分别占 52.2%、46.6%,钢筋混凝土框架结构分别占 34.6%、27.2%,钢框架结构分别占 0.1%、14.6%。[①]

若想得到较为准确的分布关系,离不开房屋普查信息等基础数据

---

① Cf.Mulyani R.,Ahmadi R.& Pilakoutas K.et al.,"A Multi-hazard Risk Assessment of Buildings in Padang City,"*Procedia Engineering*,2015,125,pp.1094-1100.

资料以及 GIS、RS 等技术的支持。目前,我国城镇化速度较高,各地区建设日新月异,然而基础数据建设相对落后,很难获得更新及时的房屋建筑的详细数据,即使部分城市有关部门进行了相关统计,其价值却不能被充分利用,数据组织与共享机制也有待完善。随着国家及社会对公共安全建设重视程度的不断提高,为支持灾害情景构建、应急对策情景分析、应急准备能力的评估以及防灾减灾战略规划等研究,从国家战略层面提出了大中型城市基础数据收集和数据库建设需求,包括水系、地形等自然环境数据资料以及建筑物、生命线、重大危险源等建筑环境资料。本节以支持复杂灾害情景构建为主要目标,从建筑物的结构和功能特征,研究其脆弱性和空间分布,可以为灾害基础数据库设计提供借鉴。

3. 建筑环境脆弱性分析

在诸多灾害,尤其是地震等地质灾害中,大多数的人员伤亡和基础设施破坏都是建筑物受损或者倒塌引起的,区域受灾情况除了与建筑物的空间分布情况相关,还与建筑环境的脆弱性关系密切,本节研究区域建筑物的脆弱性的度量方法。

基于目前各类灾害中对建筑物脆弱性度量指标的研究,选择以结构形式为基础,综合考虑设防标准、使用年限及建筑高度等指标,提出建筑物脆弱性分析标准流程。

首先,鉴于我国在对各类重大自然灾害进行损失统计时,建筑类型的统计是分结构进行的,分为钢混结构、砖混结构、砖木结构、其他结构,因此,本节将建筑的结构作为脆弱性度量的基础指标。

表 4-3　建筑物脆弱性度量指标及等级划分

指标	等级	等级描述	引证文献或标准
建筑结构			
其他结构	3	土木结构、木结构及石砌结构等	Uzielli and Nadim et al.,2008；中华人民共和国民政部与国家减灾委员会办公室，2014；Mulyani and Ahmadi et al.,2015
砖木结构	2	承重的主要结构为砖、木材建造，农村屋舍、庙宇等常见结构	
砖混结构	1	承重的主要结构为钢筋混凝土和砖木建造，为城市主要建筑结构类型	
钢混结构	0	承重的主要结构为用钢、钢筋混凝土建造，常见于大型公共建筑、工业建筑和高层住宅等	
设防标准			
未设防	3	简易建筑，无设防设计	UNCRD, 2001；中华人民共和国住房和城乡建设部，2008；许同生与刘茂等，2010；姚思敏与钟少波等，2016
标准设防	2	符合地区设防基本标准	
重点设防	1	使用功能不能中断或需尽快恢复的生命线相关建筑，高于本地区标准设防烈度	
特殊设防	0	使用功能上，涉及国家公共安全的重大建筑工程及可能发生严重次生灾害等特别重大灾害后果，需要进行特殊设防的建筑设施	
楼层高度			
高层建筑	2	7 层及以上建筑	姚思敏与钟少波等，2016；Işık and Kutanis et al.,2017
多层建筑	1	4—6 层建筑	
低层建筑	0	1—3 层建筑	
使用年限			
老旧建筑	2	使用时间占设计年限的 2/3 以上	姚思敏与钟少波等，2016；Işık and Kutanis et al.,2017
中间年限	1	使用时间占设计年限的 1/3—2/3	
新建建筑	0	使用时间少于设计年限 1/3	

　　其次,通过查阅目前各类建筑物脆弱性指标的研究及相关建设标准,结合信息的可获得性、统计口径及统计用途等方面,对设防标准、使用年限及建筑高度等指标对建筑脆弱性的影响进行等级划分,设最低脆弱性

等级为 0,以 1 为等级间间隔依次递增。

再次,在建筑结构的基础上,累计某建筑在其他 3 个方面的得分情况,并进行无量纲化处理,计算脆弱性值。

$$V_{i0} = \frac{\sum_{k=1}^{n} v_{ik}}{\sum_{k=1}^{n} \max(l_k(:))} \tag{4.1}$$

V_{i0} 表示建筑 i 在正常状态下的脆弱性,值域为 $[0,1]$,v_{ik} 表示建筑 i 在 k 个脆弱性指标的取值,l_k 为第 k 个建筑脆弱性度量指标的取值所构成的集合,如在表 4-3 中,$l_1 = \{3,2,1,0\}$。

最后,根据脆弱性得分,将建筑脆弱性等级划分为 4 档 A、B、C 和 D,分析各等级建筑物受损情况随致灾因子强度的变化情况,得到各等级脆弱性建筑在某一致灾因子强度下,产生某种灾害后果的超越概率,得到该类建筑的脆弱性曲线,曲线示意图如图 4-7 所示。

通常,承灾体脆弱性曲线获得的途径包含以下 3 个方面[1]:基于历史灾情数据中的致灾—成灾对应关系拟合承灾体的脆弱性曲线;基于对承灾体脆弱性指标的系统调查和受灾情景的合理假设,通过模型模拟方法,对致灾因子和承灾体的相互作用过程进行仿真实验,模拟出不同致灾强度下的损失率构建脆弱性曲线;基于已有的脆弱性曲线结构形式,基于研究区域特征对曲线参数进行本地化修正,形成新的脆弱性曲线。采用第 3 种构建思路,基于 Hazus ⓒ-MH MR5 所提出的承灾体脆弱性曲线形式[2],结合上文建筑物脆弱性等级评估方法,得到目标区域特征,可以实现对曲线参数的本地化修正。

该曲线通常以对数正态分布的概率分布函数来描述,将致灾因子强

---

①　参见周瑶、王静爱:《自然灾害脆弱性曲线研究进展》,《地球科学进展》2012 年第 4 期。

②　Cf.FEMA:*Technical Manuals and User's Manuals*,Washington,D.C.,2010.

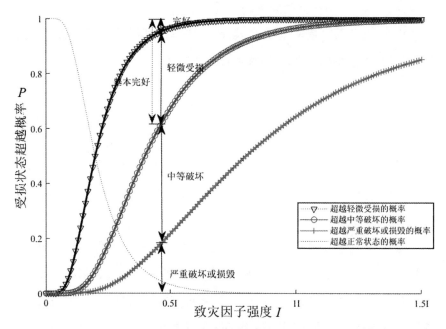

图 4-7　某脆弱等级建筑物超越不同受损状态的脆弱性曲线示意图

度(如地震烈度、水深等)视为随机变量 x,m 为不同受损状态对应的致灾因子强度的中值,β 为其变异系数,则概率密度函数形式如下:

$$f(x) = \frac{1}{\sqrt{2\pi}\beta x}\exp\left[-\frac{1}{2}\left(\frac{\ln x - \ln m}{\beta}\right)^2\right], 0 \leqslant x \leqslant \infty \quad (4.2)$$

$$F(x) = \int_0^I f(x)\,\mathrm{d}x \quad (4.3)$$

将 $f(x)$ 积分,则为概率分布函数 $F(x)$,其图像则为脆弱性曲线。基于本研究承灾体状态的划分方式,脆弱性曲线包含 3 条(如图 4-7 所示),在给定评估参数的前提下,分别表示超越轻微受损、超越中等破坏以及超越严重破坏甚至损毁的概率,而图中虚线表示的是维持正常状态承灾体的超越概率。将超越不同受损状态的概率相减,所得到的即为处于不同受损状态的概率。假设某类建筑物超越不同受损状态的概率分别为 F_s,F_m,$F_{e/c}$,则轻微受损、中等破坏和严重破坏或损毁的概率分别为

$Ps = F_s - F_m$、$P_m = F_m - F_{e/c}$、$P_{e/c} = F_{e/c}$，鉴于轻微受损与完好状态基本不会影响其他承灾体，所需求的应急响应措施具有一定的共性，因此将其归纳为一类对待，即基本完好，那么基本完好的概率 $P_n = 1 - F_m$。其中，评估参数组 $<m, \beta>$，与上述步骤中所确定的脆弱性等级相对应，每个脆弱性等级对应一组 $<m, \beta>$，用以描述该等级建筑物超越某种受损程度的概率。

二、人口的时空分布特征分析

人是各类致灾因子的主要作用对象，应急响应的首要救援对象，区域灾害系统中最重要的承灾体。暴露性是衡量风险的关键要素之一，用来描述"谁或者什么处于风险之中"[1]，区域人口的暴露程度直接决定了突发事件下区域人员伤亡风险的大小，该程度可以通过区域人口的时、空分布特征来体现，其差异性成因与各式各样的人类活动密不可分。因此，本研究从时、空两个维度出发，提出一种通过构建区域人口时空分布模型，研究区域人口暴露性时空差异的思路。首先，基于生命周期理论，研究不同阶段人类活动属性的变化，对区域人口进行分类，分别分析了各类型人口的时间和空间活动规律，探究其活动范围与土地利用类型之间的关系；其次，结合国民经济行业分类对各行业活动的描述和国家土地利用类型分类标准中所允许的经营范围和利用方式，构建"人口—行业—土地"的映射关系，建立区域人口暴露性的超图模型；最后，针对不同类型的人口，分别构建了修正面积权重法和蒙特卡洛法两种区域人口空间分布算法，用以研究区域人口分昼、夜在不同土地利用类型上的暴露性差异。

---

① Cf.Pelling M.：*Visions of Risk*：*A Review of International Indicators of Disaster Risk and Its Management*，University of London．King's College，2004；Cutter S.L．，Barnes L.& Berry M.et al.，"A Place-based Model for Understanding Community Resilience to Natural Disasters，"*Global Environmental Change*，2008，18（4），pp.598－606.；Adger W.N．，"Vulnerability，"*Global Environmental Change*，2006，16（3），pp.268－281.

1. 人口的时空分布规律

(1)区域人口类型的划分及其活动规律

人口的空间分布与人类各种各样的社会经济活动直接相关,可以利用各种各样表示这些活动的人口统计学数据去分析人口的空间分布特征。[①] 按照人类的社会经济行为规律,其活动属性可以概括为两个方面,即自然属性(Natural Attribute)和社会属性(Social Attribute)。人在生命周期的不同阶段,其活动属性处在变化之中,如图4-8所示,根据各阶段人口自然属性和社会属性的差异特征,对人口类型进行进一步分类。可以将区域中的人口分为社会属性较强的就业人员和学生,以及自然属性较高的其他居民,包括老人、婴幼儿以及因各种原因而失业的人口。

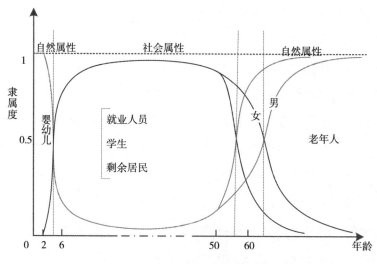

图4-8 人的活动属性隶属函数示意图

此外,除去区域内的居住人口以外,还有一部分随机人口,认为其主

---

① Cf.Bhaduri B., Bright E.& Coleman P. et al., "LandScan USA: a High-resolution Geospatial and Temporal Modeling Approach for Population Distribution and Dynamics," *GeoJournal*, 2007,69(1-2),pp.103-117.

要是游客,一部分特殊人口,主要指监教人员等。

(2)人口分布的时间规律。

区域人口分布的研究与各式各样的人类活动密不可分,在时间上体现出明显的昼夜差异,导致人口昼夜暴露性的不同,其很大程度上是人类作息规律的呈现。[①] 因此,本研究将人一天的活动分为两个阶段,日间(工作时段)和夜间(休息时段),而暂时忽略其间的过渡时段及节假日的研究。夜间人的活动范围相对较固定且有限,区域夜间人口主要由该区域内居住人口组成,同时包括部分游客,但在居住人口中需要划分出一部分夜间正常工作的就业人口;白天人口的活动性较强,活动范围也相对广泛,包括工作、购物、休闲等,但其活动规律与人口类型之间存在一定关系,如日间学生在学校,就业人员在其工作场所,其他居民活动的随机性则较强,游客流连于景区或商业中心等。昼夜人口类型的细分方式不同,可按照如图4-9所示判断流程进行分析归类。由于特殊人口的特殊性,其行为受到约束,且活动范围昼夜固定,本研究不对这部分人员进行探讨。

在归纳总结人口昼夜活动特征的基础上,结合人口分类,对区域人口的昼夜组成进行表示:

日间人口=日间工作人口+学生+其他人口+游客-外出人口　　(4.4)

夜间人口=夜间工作人口+住校学生+夜间居住人口+游客-外出人口

(4.5)

其中:夜间居住人口+夜间工作人口+住校学生=日间工作人口+学生+其他人口=区域常住人口。

(3)人口分布的空间规律。

人类各类生产生活都离不开土地,土地利用系统是自然、人类、社会、

---

① Cf.Bhaduri B.,Bright E.& Coleman P.et al.,"LandScan USA:A High-resolution Geo-spatial and Temporal Modeling Approach for Population Distribution and Dynamics,"*GeoJournal*,2007,69(1-2),pp.103-117.

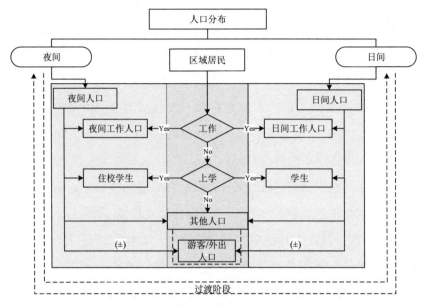

图4-9 区域昼夜人口构成的分析流程

经济和技术等子系统耦合而成的复杂巨系统,在空间与功能上表现出不同的组合关系和结构格局。不同类型人口的不同活动属性对应不同的系统功能区,而发生在不同功能区的工作、消费、休闲等行为具有明显差异,从而形成了区域人口空间分布特征的差异。

土地利用类型能够较好地反映某一区域空间的功能属性,以此作为研究区域人口空间分布的重要依据。按照人口的空间活动规律,将其分为两大类:居家休闲人口和在岗就业/学习人口,并分别对其主要活动空间进行分析,在此基础上,结合土地利用类型对各类人口的活动空间进行定位,如图4-10所示,各活动空间之间的包含关系如图4-11所示。

一是居家及休闲人口。主要包括老人、婴幼儿、失业人员等其他居民、非在岗的就业人员,居住生活用地是这类群体居住生活的主要空间,其中包括人口居住空间以及其休闲活动空间的批发零售等商服用地和公

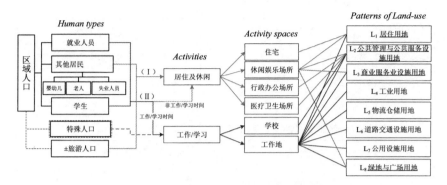

图 4-10　人口类型及土地利用类型间的对应关系

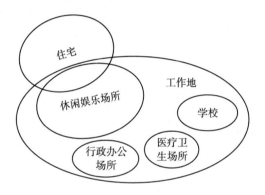

图 4-11　不同活动空间之间的包含关系

园、绿地等公共管理与公共服务用地；其次还包括前往当地的游客，包括商旅和观光旅行，其行为的随机性较强，但活动空间更接近当地居住休闲人口。

　　二是在岗就业/学习人口。按照其从事行业的主要经济活动范围来确定其工作时对应的土地利用类型，由于学生与在岗就业人员具有较为相似的活动规律，因此将学生与在岗就业人口看作同一类型，这类群体分布于其从事行业对应的土地类型上。

表4-4　基于活动属性的"人口—行业—土地"对应关系

人口类型	人口子类型	土地利用类型
就业人员	第一产业	商业服务业设施用地、工业用地
	采矿业	工业用地
	制造业	工业用地
	电力、燃气及水的生产和供应业	工业用地、公用设施用地
	建筑业	所有城市建设用地
	交通运输、仓储和邮政业	物流仓储用地、道路交通设施用地、公用设施用地
	信息传输、计算机服务和软件业	商业服务业设施用地
	批发和零售业	商业服务业设施用地
	住宿、餐饮业	商业服务业设施用地
	金融业	商业服务业设施用地
	房地产业	商业服务业设施用地
	租赁和商业服务业	商业服务业设施用地
	科学研究、技术服务和地质勘察业	公共管理与公共服务设施用地
	水利、环境和公共设施管理业	公用设施用地
	居民服务、修理和其他服务业	居住用地
	教育	公共管理与公共服务设施用地
	卫生、社会保障和社会福利业	公共管理与公共服务设施用地
	文化、体育、娱乐用房屋	公共管理与公共服务设施用地、商业服务业设施用地
	公共管理和社会组织	公共管理与公共服务设施用地
学生	学生	公共管理与公共服务设施用地
剩余居民	剩余居民（婴幼儿、老人和失业人员）	居住用地、公共管理与公共服务设施用地、商业服务业设施用地、绿地与广场用地
游客	游客	商业服务业设施用地、绿地与广场用地、道路交通设施用地

对于第二类在岗就业/学习人口,其活动空间规律性较强,比如,制造业就业人口工作时间主要活动范围在工业用地上,批发零售业人口工作时间主要活动范围在商业用地上等。通过分析其从事行业的性质与土地利用类型的利用方式,依据《城市用地分类与规划建设用地标准 GB 50137-2011》中规定的各类型土地利用的范围以及《国民经济行业分类(GB/T 4754-2011)》中的国民行业分类,确定各行业从业人员的工作日活动空间分布范围,以及每种土地类型上包含的行业人口种类,并建立"人口—行业—土地"对应关系(见表4-4)。

2. 人口暴露性分析模型

本节主要遵循以下简单规则构建区域人口分布模型(如图4-12):

(1)一种土地利用类型上可以有多种类型的人口。例如用于商业、服务业的商业用地上的人口类型包括批发、零售业从业人员,住宿餐饮业从业人员,金融业从业人员等,还包括购物休闲的当地居民或游客。

(2)一种类型的人口其活动空间一定在某一种或多种土地利用类型上。例如电力、燃气及水的生产和供应从业人员工作时间可能分布在工业用地或公共设施用地上,由其行业性质决定。

(3)一个人同一时间在且只在一种土地利用类型上。即只要一个人在某区域范围内,那么其一定在该区域某一种土地利用类型上。

在分析人口与土地的对应关系的基础上,基于上述3个规则提出了基于超图的区域人口暴露性模型。相较一般图论中的无向或有向图每一个边只连接两个节点的特性,超图中的边可以连接两个以上的节点,也称为超边,更能较为贴切地构建区域中土地利用类型与人口类型两种性质不同的元素之间的关系。

(1)模型参数描述。

假设区域总面积为S,基础单元面积为s,单元数量为x,则有$S = s \times x$,总人口为P。其中基础单元面积大小的选择与研究的突发事件类型

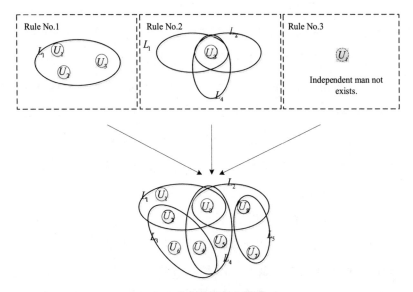

图 4-12　建模规则描述

和区域的尺度相关,并受到统计数据精细程度及其可获得性的制约。

设 n,m 表示区域土地利用类型和人口类型的种类数, $U = \{U_j \mid j \in [1,m], m \in N^*\}$ 代表人口类型的有限集,作为超图的顶点; $L = \{L_i \mid i \in [1,n], n \in N^*\}$ 代表土地利用类型的有限集,作为超图的边,并且任意超图的边 L_i ,是集合 U 的一个非空子集 $\forall L_i \subseteq U, (i \in [1,n])$ ($i \in [1,n]$),且 $\bigcup_{i=1}^{n} L_i = U$ 。则二元关系 $HG_{RHEM} = <L,U>$ 为基于土地利用类型的区域人口暴露性的超图模型(Hypergraph Model),图 4-13 所示。

该超图模型是以土地利用类型为基础,对区域的人口分布特征的抽象建模,刻画了分布于各土地类型上的人口特征。如图 4-13(a)所示的区域人口分布超图模型,该区域包含 8 种人口类型、5 种土地利用类型,其中人口类型构成的顶点集合 $U = \{U_1, U_2, U_3, U_4, U_5, U_6, U_7, U_8\}$,土地类型构成的超边集合 $L = \{L_1, L_2, L_3, L_4, L_5\}$,且 $L_1 = \{U_1, U_2, U_3\}$, $L_2 =$

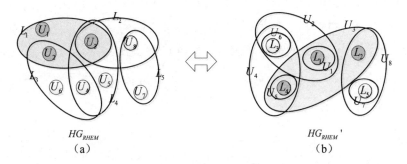

图4-13 区域人口分布的超图模型

$\{U_3, U_8\}$，$L_3 = \{U_2, U_4, U_6\}$，$L_4 = \{U_3, U_4, U_5\}$，$L_5 = \{U_7, U_8\}$。超图 HG_{RHEM} 的对偶称为对偶超图 $HG_{RHEM}{}'$，如图4-13(b)所示，以土地利用类型为超图的顶点 $\{L_i\}$，以人口类型为超图的边 $\{U_j\}$，其刻画了各类型人口的分布范围。例如在 $HG_{RHEM}{}'$ 中，$U_3 = \{L_1, L_2, L_4\}$ 表示 U_3 类型的人分布在3种土地利用类型上，分别是 L_1、L_2、L_4。

(2)构建流程。

第一步,选择恰当的土地利用类型分类标准,对区域土地利用类型进行分类和表示,明确超边集合 $L = \{L_i \mid i \in [1, n], n \in N^*\}$ 的元素构成,n 为土地利用类型的种数。

第二步,按照"总—分—总"的思路,对区域人口类型进行分类和表示,明确顶点集合 $U = \{U_j \mid j \in [1, m]\}$ 的元素构成,m 为人口类型的数量。首先根据人的空间活动属性,结合人的生命周期和社会功能对区域总体人口进行分类,再按照其活动规律的共性及差异性进行归纳,一部分类型的人属于确定型人口(Deterministic Population),这些类型人口的活动空间范围受其职业或其他一些因素约束,范围相对固定;一部分属于随机型人口(Stochastic Population),这部分人口的活动范围选择的随机性较强,但对不同活动空间存在不同的偏好,如人们休闲娱乐时更乐意去公园、商场等场所,而不是工业区。因此,在该模型中引入土地利用类型对随机性人口的吸引力水平参数,将其表示为 $A = \{\alpha_i \mid i \in [1, n]\}$。

第三步,建立人口类型与土地利用类型之间的对应关系。该对应关系是多对多的关系,即一种土地利用类型上存在多种类型的人,一类人可以分布于多种土地利用类型上,以图4-10为基础,对应关系的分析流程如图4-14所示。

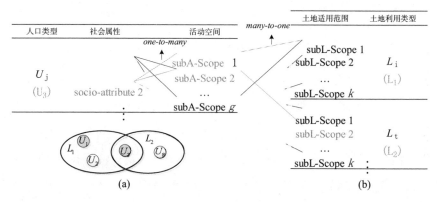

图4-14 人口类型和土地类型的对应关系分析流程

第四步,构造不同类型人口在区域土地上的分布算法。基于改进的面积权重法(MAW)分布确定型人口;基于蒙特卡洛法(MC)[①]模拟随机型人口活动空间选择,分布随机型人口。

①确定型人口分布算法:

该算法基于一种类型人口在其所有活动空间(土地利用类型)均匀分布的假设,利用改进的面积权重法将人口在各个土地利用类型上进行展布,这类人主要是在岗就业人员和学生组成。

那么第 j 类人口的在其活动空间的均分布密度为 $\rho(U_j)$,且

————————

① Cf. Wegener M., "New Spatial Planning Models," *International Journal of Applied Earth Observation and Geoinformation*, 2001, 3(3), pp.224-237; Moeckel R., Schürmann C.& Wegener M., "Microsimulation of Urban Land Use," *42nd European Congress of the Regional Science Association*, Dortmund, 2002.

$$\rho(U_j) = \frac{(1 - \beta_j) P(U_j)}{\sum\limits_{L_i \in U_j} S(L_i)} \tag{4.6}$$

其中，$P(U_j)$ 表示第 j 类人口的总量，$S(L_i)$ 表示第 i 类土地利用类型的面积，且 $L_i \in U_j$，L_i 为第 j 类人口活动的土地利用类型的集合，即 L_i 为对偶超图 HG_{RHEM}' 的超边 U_j 的顶点；则 $\sum\limits_{L_i \in U_j} S(L_i)$ 代表第 j 类人口活动空间（土地利用类型）的总面积，其中 β_j 为第 j 种行业人口的不充分工作比例，$0 \leqslant \beta_j \leqslant 1$，$B = \{ \beta_j \mid j \in [1, m] \}$。

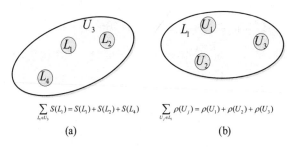

$$\sum_{L_i \in U_3} S(L_i) = S(L_1) + S(L_2) + S(L_4) \qquad \sum_{U_j \in L_1} \rho(U_j) = \rho(U_1) + \rho(U_2) + \rho(U_3)$$

$$(a) \qquad\qquad\qquad\qquad (b)$$

图 4-15　（a）人口类型 U3 的分布面积；（b）土地利用类型 L1 上的人口密度

则分配到第 i 种土地利用类型每个基础单元的确定型人口总量为 EDP_{L_i}，表示为

$$EDP_{L_i} = \sum_{U_j \in L_i} \rho(U_j) \times s \tag{4.7}$$

其中，$U_j \in U(L_i)$，为第 i 种土地利用类型上的人口类型集合，即 U_j 为超图 HG_{RHEM} 的超边 L_i 的顶点，$\rho(U_j) \times s$ 表示第 j 类在人口分布的一个基础单元内的数量。

那么，分配到第 i 种土地利用类型上的确定型人口总量数表示为

$$DP_{L_i} = EDP_{L_i} \times \frac{S_i}{s} \tag{4.8}$$

②随机型人口分布算法：

该算法认为随机型人口活动空间范围随机，但对不同的土地利用类

型存在不同偏好度。采用蒙特卡洛方法对这部分人口的随机性进行模拟,并将模拟结果分配到各土地利用类型对应的基础单元中。

a)为区域每个基础单元按顺序进行编号 $x \in [1, X]$ 作为人口随机分布的地址,则每个基础单元 $unit$ 具有二维属性,即土地类型和区域编号 $unit_{ij} = < L_i, x_j >$。

b)借鉴关于人口休闲行为特征的研究①,引入系数 α,表示区域随机型人口选择的偏好,并将其与土地利用类型建立关联,每一种该土地利用类型对应一个偏好度 α_i,$A = \{\alpha_i | i \in [1, n]\}$ 且 $\sum_{i=1}^{n} \alpha_i = 1$。可以根据关于人口休闲行为场所的研究,确定偏好度 α_i 的值。

c)根据随机型人口对不同场所的偏好度 A,计算每类土地利用类型单元的权重 ω_i。

$$\begin{cases} \omega_i = C\alpha_i \\ SP = \sum_{i=1}^{n} \frac{S(L_i)}{s} \omega_i \end{cases}, \text{其中 } C = \frac{SP \times s}{\sum_{i=1}^{n} \alpha_i S(L_i)}, \text{为与区域相}$$

关的常数,$\omega_i = \frac{SP \times s}{\sum_{j=1}^{n} \alpha_j S(L_j)} \alpha_i$,且任意 $\omega_{unit_{ij}} = \omega_i$,该权重决定了人口分布到该基础单元的概率。

d)对每个单元的值进行顺序累加,如果单元 $unit_{11}$ 和 $unit_{12}$ 的权重为 10,单元 $unit_{23}$:$unit_{26}$ 的权重为 20,则 ESP$unit_{11}$ 的取值范围为 1—10,ESP$unit_{12}$ 的取值范围为 11—20,ESP$unit_{23}$ 的取值范围为 21—40,依次类推。

e)从 1–SP 中产生一系列随机数,当随机数落在某一个单元的取值范围内时,该单元的值就加 1。重复该过程,直到产生的随机数的个数和研究范围内的随机人口总数相等为止。

———————————

① 参见岳培宇:《长江流域城市居民休闲方式及影响因素研究》,华东师范大学硕士学位论文,2006 年。

f) 得到离散到每个单元的随机人口数 $\mathrm{ESP}_{unit_{ij}}$。

第五步,将区域人口分布到区域的各类土地利用类型上,得到区域人口分布特征。

对各个基础单元中分配的各类型人口数量进行加和,表示为

$$\mathrm{EP}_{unit_{ij}} = \mathrm{EDP}_{unit_{ij}} + \mathrm{ESP}_{unit_{ij}} \tag{4.9}$$

则分配到第 k 种土地利用类型上的总人口 P_{L_k} 和均密度 ρ_{L_k} 分别为

$$P(L_k) = \sum_{i=k} \mathrm{EP}_{unit_{ij}} , \rho(L_k) = \frac{P(L_k)}{S(L_k)} \tag{4.10}$$

第四节　区域承灾体关联特征研究

灾害后果之所以会在承灾体之间发生演化,主要是因为承灾体之间存在的某种关联关系为这种演化提供了路径。这些关联关系复杂多样,可能是因为地理接近程度而体现出的地理关联,如地震致使桥梁坍塌,沿桥布设的通信电缆或燃气管线也可能会随之被破坏;因有物料依赖或结构层次而体现出的物理关联,如闪电击毁电力设施,无法满足电力供给而导致相关区域的通信故障;因有信息流通而体现出的信息关联,还存在因为一些政策或程序约束而隐含的逻辑关联。[1] 承灾体及其关联构成了极其复杂的区域承灾体系统,这也是造成灾害情景演化趋势难以预测的关键原因,承灾体关联分析是构建面向级联灾害情景演化的区域模型过程中不可规避的重要环节。

---

[1] Cf. Pederson P., Dudenhoeffer D. & Hartley S. et al., "Critical Infrastructure Interdependency Modeling: A Survey of US and International Research," *Idaho National Laboratory*, 2006, pp.1–20; Ouyang M., "Review on Modeling and Simulation of Interdependent Critical Infrastructure Systems," *Reliability Engineering & System Safety*, 2014, 121, pp.43–60.

本节的主要研究内容是围绕承灾体的灾害演化属性,研究承灾体之间的关联关系。

一、承灾体之间的影响拓扑关联定义

承灾体之间可能同时有多种关系存在,识别并界定系统中的任意承灾体之间的关联关系并不是一件容易的工作。关联构建研究大多处于理论分析和概念模型构建阶段,而且主要集中于关键基础设施之间关联的研究,专门针对各类承灾体关联的探讨仍比较欠缺。目前,对于具体单灾种所涉及的承灾体及其产生的灾害后果,人们已经有了较为清晰的认识;针对多灾种的灾害链研究也一直在展开,灾害链形成的深层原因就是灾害后果沿着承灾体之间的关联扩散的结果。虽然可能不易具体分辨到底哪种关联是形成该结果的原因,但是确实是由于关联的存在,才会使承灾体之间相互影响导致了灾害后果在时间和空间上的扩散。

本章在灾害链形成机理及相关案例研究基础上,深入灾害链内部,从既成后果的角度出发,定义了一种考虑承灾体影响范围的拓扑关联来刻画区域承灾体之间的关联关系,简称影响拓扑关联:如果承灾体 $\vec{e}_i$ 与承灾体 $\vec{e}_j$,同时与某一事件有关,且至少有一个承灾体状态具有演化属性,另一承灾体在该承灾体灾害后果最大影响范围之内,那么这两种承灾体之间存在影响拓扑关联。

影响拓扑关联的产生来自两方面,一方面承灾体自身即以复杂网络的形式存在,构成承灾体的各部件之间存在固有联系,比如电网、水网、燃气网、给排水管线等管网状基础设施,我们将其称为因固有关联(Inherent relations)而产生的影响拓扑关联;一方面是因为不同的承灾体同处于一定的空间范围内,在某一承灾体灾害后果在空间上扩散时,承灾体之间可能产生相互作用,我们将其称为因空间关联(Spatial relations)而产生的影响拓扑关联。固有关联是管网状承灾体自身构成部件之间存在拓扑关联,研究目标区域一旦确定,可认为此类承灾体自身的拓扑结构是固定的、已知的。而因空间关联而产生的影响拓扑关联,即使研究目标区域确定,也会因具体事件类型和强度的不同而不同,是本节研究的重点。

二、承灾体影响拓扑关联表示及度量方法

1. 承灾体空间关联模式

区域连接演算理论(Region Connection Calculus,RCC),是定性空间推理(QSR)的基础理论之一,是一种考虑人的认知过程,研究空间拓扑关系、方向关系、距离关系的集成表示的形式化模型和推理方法。[1] 在一定尺度空间上存在相关性,是承灾体之间各种关联产生的基本条件。本节主要基于RCC理论分析区域内任意目标承灾体之间的空间关联。

经典的RCC理论包括RCC-5和RCC-8,为选择适合的空间关系描述逻辑,确定任意两个承灾体之间的地理空间拓扑关系,本节进行了如下分析。首先,根据承灾体之间距离由远及近(是否连接),关系强度由弱到强(连接到什么程度),依次进行分析,得到其地理空间完全关系层次结构如图4-16所示。

然后,考虑承灾体本身之间由于空间位置的接近而可能相互作用的情况,将部分关系进行合并:空间位置邻接和相离的承灾体均不会产生直接接触,统一归纳为相离(DR),内相切和包含于均是完全处于另一个承灾体空间位置的内部,统一归纳为完全内部(PP),被内切和被包含均是该承灾体空间位置范围内完全覆盖另一个承灾体的空间位置,统一归纳为完全覆盖(PP^{-1}),其中完全内部和完全覆盖是一对完全相反的关系,此外,还有部分重叠(PO)和相等(EQ)。以上5种基本地理空间拓扑关系即可满足对任意两个承灾体之间的空间位置关系进行描述的需求,说

---

[1]　参见郭庆胜:《地理空间推理》,科学出版社2006年版。

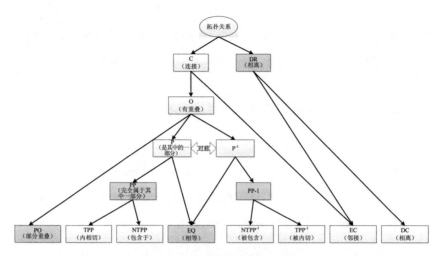

图 4-16　地理空间关系层次结构

明 RCC5 比 RCC8 更适合用来描述区域承灾体之间的地理空间拓扑关系。因此,当只考虑承灾体本身之间的空间拓扑关系,不考虑承灾体灾害后果的扩散性质时,承灾体的空间拓扑关系可以由以下 5 种情形刻画:相离、相交、相等、包含、被包含,如图 4-17 所示。

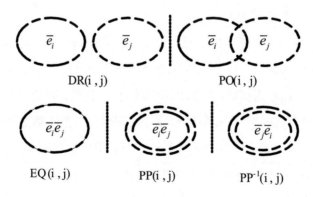

图 4-17　承灾体之间的空间拓扑关系

2. 承灾体"卵—黄"模型表示

之前章节中,对承灾体状态的演化模式进行了分析,当承灾体状态演化模式属于(C-Ⅲ)、(C-Ⅳ)类型时,该类状态的承灾体灾害后果不具备扩散性质,在受灾区域内所造成的影响范围为其本身;然而,当承灾体灾害后果演化模式属于(C-Ⅰ)、(C-Ⅱ)类型时,该类状态的承灾体灾害后果具有扩散性质,其在受灾区域内所造成的影响范围不仅包括其本身还包括灾害后果的扩散范围,影响范围大小和强度由致灾因子强度、承灾体的脆弱性以及承灾体的危险性共同决定。针对不同危险性的承灾体,目前已有较多的扩散、传播或蔓延模型研究,如有毒物质泄露扩散模型①、传染病传播模型②、火灾蔓延模型③等。

通常情况下形成的灾害后果是以受损承灾体为中心向外进行扩散,其影响强度也会随扩散距离而衰减。受损承灾体及其影响扩散的范围构成类似一颗卵的结构,其中,卵黄为承灾体本身,其空间位置是确定的,而卵白是承灾体灾害后果可能扩散的范围,与承灾体本身蕴含的灾害要素的类别和数量,以及受损的严重程度相关,扩散边界具有不确定性。通过分析发现,该特征正与模糊空间的表述相一致,模糊空间理论经典的"卵—黄"模型中,就是把一个不确定区域的各个部分标记为卵(Egg)、卵黄(Yolk)和卵白(White),分别对应完整的区域、区域的明确部分和区域不确定部分。

因此,本节借鉴模糊空间理论④,提出一种卵黄结构的承灾体影响范围表示方法,将承灾体、承灾体灾害后果扩散的范围分别标记为一颗卵的

①　Cf.Cao H.,Li T.& Li S.et al.,"An Integrated Emergency Response Model for Toxic Gas Release Accidents Based on Cellular Automata,"*Annals of Operations Research*,2016.

②　Cf.Balcan D.,Colizza V.& Goncalves B.et al.,"Multiscale Mobility Networks and the Spatial spreading of Infectious Diseases,"*Proceedings of the National Academy of Sciences of the United States of America*,2009,106(51),pp.21484-21489.

③　参见钟江荣、张令心、赵振东等:《基于 GIS 的城市地震建筑物次生火灾蔓延模型》,《自然灾害学报》2011 年第 4 期。

④　Cf.Cohn A.G.& Gotts N.M.,"The 'egg-yolk' Representation of Regions with Indeterminate Boundaries,"*Geographic Objects with Indeterminate Boundaries*,1996,2,pp.171-187.

卵黄(Y)和卵白(W),那么承灾体灾害后果影响的空间范围就是由卵黄和卵白构成的整个卵(E),$Y \cap W = \varnothing$,$Y \cup W = E$,如图4-18所示,当承灾体灾害后果不具有扩散性质时,则卵白为空。这种承灾体表示方法不仅能够体现承灾体状态的演化属性,还有利于承灾体之间影响关系的分析。

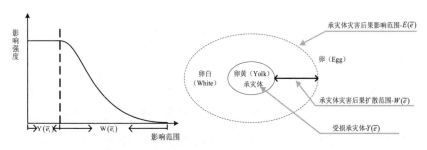

图4-18 承灾体影响范围的卵—黄模型

3. 承灾体影响拓扑关联度量

由于诸多承灾体的灾害后果具有扩散性,其影响范围远不止承灾体本身所在的空间范围,决定了不只有相互接触的承灾体之间才能相互影响,单单依据承灾体本身之间的空间拓扑关系,无法满足对承灾体之间相互影响可能性的判断。因此,本节考虑承灾体状态的演化属性,将基本的RCC关系和承灾体影响范围"卵—黄"模型表示方法相结合。在定义一个点属于一个目标的隶属度的基础上,利用集合以RCC理论为基础,用有4个元素的矩阵确定目标承灾体($\bar{e}_i$,$\bar{e}_j$)之间的空间影响拓扑关系,每个元素隶属于5个RCC5基本关系之一,矩阵的形式为:

$$AR = \begin{bmatrix} F(Y(\bar{e}_i),Y(\bar{e}_j)) & F(Y(\bar{e}_i),E(\bar{e}_j)) \\ F(E(\bar{e}_i),Y(\bar{e}_j)) & F(E(\bar{e}_i),E(\bar{e}_j)) \end{bmatrix} \qquad (4.11)$$

其中,$Y(\bar{e}_i)$和$Y(\bar{e}_j)$分别表示承灾体$\bar{e}_i$和$\bar{e}_j$本身(卵黄),$E(\bar{e}_i)$、$E(\bar{e}_j)$分别表示承灾体$\bar{e}_i$和$\bar{e}_j$的灾害后果影响范围(卵),F函数表示所

存在的 RCC 拓扑关系。这种模型表示虽然提供了 5⁴ 种不同关系的可能，但是由于在这种演算中有必要的条件限制，如卵黄必须是卵的一个完全部分，且卵黄不能为空，即承灾体必须存在，且对于占据空间范围较大的承灾体，卵黄选择可以为受损部分的空间位置。所以能得到任意两个承灾体及其影响范围之间的最多 46 种空间拓扑关系。以其中一种关系为例：

$$AR = \begin{bmatrix} F(Y(\bar{e_i}), Y(\bar{e_j})) = \text{DR} & F(Y(\bar{e_i}), E(\bar{e_j})) = \text{DR} \\ F(E(\bar{e_i}), Y(\bar{e_j})) = \text{PO} & F(E(\bar{e_i}), E(\bar{e_j})) = \text{PO} \end{bmatrix} \quad (4.12)$$

那么关系推理过程如下：

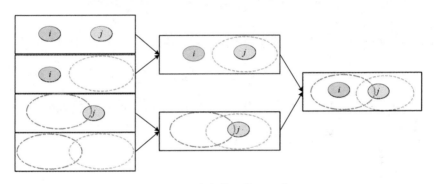

图4-19　空间关系推理示意

当 $\text{T\_Evol}(\bar{e_i}) = \text{I}$ ，$Y(\bar{e_i}) \neq \varnothing, W(\bar{e_i}) \neq \varnothing$ ，承灾体 $\bar{e_i}$ 灾害后果造成的影响范围 $Eg(\bar{e_i}) = Y(\bar{e_i}) \cup W(\bar{e_j})$ ，不存在其他承灾体对 $\bar{e_i}$ 影响的考虑；

当 $\text{T\_Evol}(\bar{e_i}) = \text{II}$ ，$Y(\bar{e_i}) \neq \varnothing, W(\bar{e_i}) \neq \varnothing$ ，承灾体 $\bar{e_i}$ 灾害后果造成的影响范围 $Eg(\bar{e_i}) = Y(\bar{e_i}) \cup W(\bar{e_j})$ ；

当 $\text{T\_Evol}(\bar{e_i}) = \text{III}$ ，$Y(\bar{e_i}) \neq \varnothing, W(\bar{e_i}) = \varnothing$ ，承灾体 $\bar{e_i}$ 造成的影响范围 $Eg(\bar{e_i}) = Y(\bar{e_i})$ ；

当 $T\_Evol(\bar{e_i}) = IV$, $Y(\bar{e_i}) \neq \varnothing, W(\bar{e_i}) = \varnothing$,承灾体 $\bar{e_i}$ 造成的影响范围 $Eg(\bar{e_i}) = Y(\bar{e_i})$,不存在其他承灾体对 $\bar{e_i}$ 影响的考虑。

在此基础上,可能相互影响的任意承灾体(A 和 B)组合可以划分为 4 种类型,包含 5 种情形(图 4-20)。

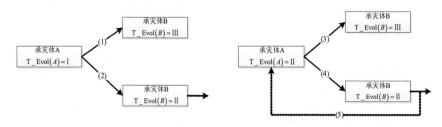

图 4-20 任意两个可能相互影响的承灾体的组合方式

在灾害连锁反应形成的过程中,从任意承灾体 $\bar{e_i}$ 出发,分析可能受到 $\bar{e_i}$ 灾害后果影响的其他承灾体 $\{\bar{e_j}\}$ 时,与其他承灾体产生的灾害后果的扩散范围无关,可以不考虑 $W(\bar{e_j})$,此时 $Y(\bar{e_j}) = E(\bar{e_j})$,因此,只需考虑 $Y(\bar{e_i}) - Y(\bar{e_j})$ 和 $E(\bar{e_i}) - Y(\bar{e_j})$ 之间的 RCC 关系,可以对 AR 进行简化,将其表示为:

$$R = \left[F(Y(\bar{e_i}), Y(\bar{e_j})) \quad F(E(\bar{e_i}), Y(\bar{e_j})) \right] \tag{4.13}$$

在这种条件下,承灾体 $\bar{e_i}$ 与其他可能受其灾害后果影响的承灾体之间的拓扑关系主要包含 9 种,表达为 $R - 9$,如图 4-21 所示。承灾体 $\bar{e_j}$ 处于 $Y(\bar{e_i})$ 和 $W(\bar{e_i})$ 时会受到不同程度的影响,在研究 $\bar{e_j}$ 受影响程度或损失程度时需要分别考虑 9 种影响拓扑关联,本研究目前主要目的是判断是否存在影响拓扑关联,因此,只要是图 4-21 中(b)—(i)任意一种情形,都会产生影响拓扑关联。

承灾体 $\bar{e_i}$ 与 $\bar{e_j}$ 之间的影响拓扑关联的强度,通过承灾体 $\bar{e_i}$ 的灾害后

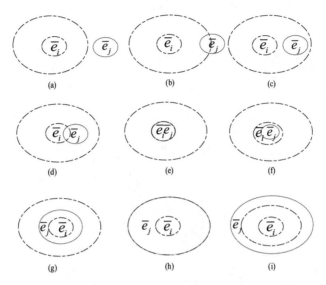

图 4-21 考虑灾害后果扩散范围的承灾体之间的影响拓扑关系类型

果对于承灾体 $\bar{e}_j$ 的作用强度刻画(有向的),主要由承灾体 $\bar{e}_i$ 自身蕴含的灾害要素的类型及危险性(D_i)、承灾体 $\bar{e}_i$ 的受损程度(S_i)以及承灾体 $\bar{e}_i$ 与承灾体 $\bar{e}_j$ 之间的距离决定(r_{ij}),如式 4.4 所示。一般来说,与危险性、受损情况呈正相关,与承灾体之间距离呈负相关。

$$D_{(j\rightarrow i)} = f(D_i, S_i, r_{ij}) \tag{4.14}$$

在此,将承灾体在空间上的网格化表示及承灾体"卵—黄"表示形式相结合,对承灾体 $\bar{e}_i$ 与承灾体 $\bar{e}_j$ 之间的距离 r_{ij} 的计算方法进行说明。

根据承灾体灾害后果危险性,计算承灾体 $\bar{e}_i$ 当前灾害后果的最大影响范围 $ds(\bar{e}_i)$,获得 $W(\bar{e}_i)$;承灾体 $\bar{e}_j$ 受承灾体 $\bar{e}_i$ 影响的部分可以表示为:$N_{i\rightarrow j} = Y(\bar{e}_i) \cup W(\bar{e}_i) \cap Y(\bar{e}_j)$,设 $K_j = size(Y(\bar{e}_j))$ 为构成承灾体 $\bar{e}_j$ 的栅格数量,$K_{ij} = size(N_{i\rightarrow j})$ 为构成承灾体 $\bar{e}_j$ 的受影响的栅格的个数,如此,可将承灾体 $\bar{e}_j$ 看作是切割而成的 K_j 个子承灾体,如图 4-22 所示,分

别进行计算,最后利用承灾体 $\bar{e}_j$ 受到的平均作用强度 AI 表示该关联强度:

$$AI = \frac{1}{K_j} \times \sum_{k}^{K_{ij}} D_{(i \to jk)} \qquad (4.15)$$

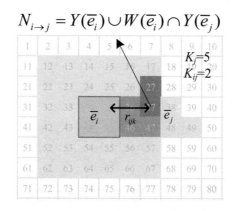

图 4-22　栅格空间计算示意图

在危险性计算方面,可根据重大危险源事故后果模型,按照灾害后果形态的差异,主要分为三大类:火灾模型、爆炸模型和泄露模型,分别对应着不同的经验公式可供参考①。

三、考虑演化模式的承灾体影响拓扑关联典型案例分析

1. 案例概述

2013 年 11 月 22 日山东省青岛市中石化东黄输油管道泄漏爆炸特别重大事故,造成 62 人死亡、136 人受伤,直接经济损失 7.5 亿元,共有5515 米排水暗渠遭爆燃冲击,爆炸还造成周边多处建筑物及道路不同程度损坏,多台车辆及设备损毁,供水、供电、供暖、供气多条管线受损,泄漏

---

① 参见《重大危险源分级标准》,国家安全生产监督总局网站 2007 年 6 月 12 日,http://www.chinasafety.gov.cn/2007-06/12/content_245285.html。

原油通过排水暗渠进入附近海域,造成胶州湾局部污染①(下划线标记为该事件所涉及的承灾体)。如图4-23所示,为"11·22"事故爆炸地段示意图②。

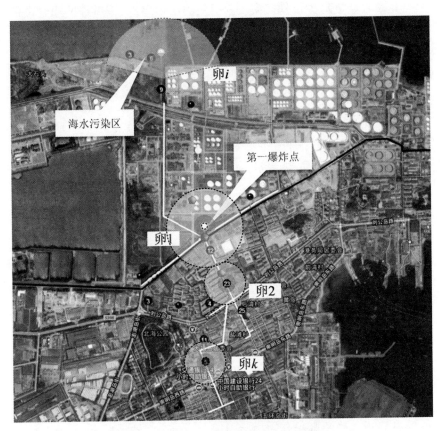

图4-23 "11·22"事故爆炸地段示意图

① 参见《山东省青岛市"11·22"中石化东黄输油管道泄漏爆炸特别重大事故调查报告》,国家安全生产监督总局网站2014年1月10日,http://www.chinasafety.gov.cn/new-page/Contents/Channel_21140/2014/0110/229141/content_229141.htm。

② 参见《青岛中石化输油管道爆炸三周年》,财新网2016年11月22日,http://special.caixin.com/event_1122/index.html? lwjsbcoakldnhojs。

2. 影响拓扑关联分析流程

本节利用承灾体的灾害演化属性和承灾体之间的影响拓扑关系,反映该案例中的灾害后果及连锁反应形成过程。

步骤1,明确原生事件类型及其引发的次生事件:该事件的原生事件为输油管道泄漏原油,一系列次生事件为爆炸、设施损毁、海水污染等。

步骤2,梳理受灾区域中的承灾体:该案例中的承灾体包括输油管道、排水暗渠、人、建筑物、道路、车辆、海水、海生动植物以及供水、供电、供暖、供气等相关基础设施。

步骤3,基于"最大危险性"原则,分析各类承灾体的状态的演化模式:该案例中输油管道、排水暗渠、海水,及供水、供电、供暖、供气等相关基础设施的状态的演化模式为C-Ⅱ,人、建筑、道路、车辆、海生动植物的状态演化模式为C-Ⅲ。

步骤4,分析区域内各类承灾体的空间分布特征,明确承灾体的空间分布位置:在图4-23中,黑色管道为此次发生泄漏的东黄复线;白色管道为受损的市政排污暗渠;白色标记从下到上依次为事故第一爆炸点、丽东化工厂、黄岛油库和原油泄漏入海口;供水、供电、供暖、供气等基础设施沿道路分布;地上建筑具体分布如图4-23所示;人口在建筑中和道路上分布。

步骤5,基于"最大危险性"原则,构建各类状态演化模式为C-Ⅱ的承灾体的"卵—黄"表示形式:本节选择了4个在图4-23中进行了示意性表示,3个为暗渠的爆炸点,1个为暗渠出海口。而对于受损的道路以及供水、供电、供暖、供气等基础设施,其卵黄为受损部分,卵白为其原本提供服务的范围。

步骤6,依次分析每个"卵—黄"与其他承灾体的影响拓扑关联关系,同时基于突发事件的致灾机理,推导整个事件的灾害后果及其连锁反应过程如下:

输油管道与排水暗渠(孕灾环境)交汇处管道腐蚀减薄、管道破裂

(受损承灾体),导致原油泄漏(灾害要素释放,形成原生致灾因子),流入排水暗渠及反冲到路面(此处输油管和排水管之间存在的影响拓扑关系为图4-21中(e),泄漏原油挥发的油气与排水暗渠空间内的空气形成易燃易爆的混合气体(次生事件孕灾环境),现场处置人员采用液压破碎锤在暗渠盖板上打孔破碎,产生撞击火花,引发暗渠(承灾体)内油气爆炸(次生致灾因子)。以暗渠爆炸点为卵黄,爆炸影响范围即为卵白,构成第一爆炸点反应灾害后果影响范围的卵(标记为卵1),如图4-23中所示。若卵1与其周边的人员、建筑物、车辆、设备损毁以及供水、供电、供暖、供气等管线(承灾体),产生的影响拓扑关联属于图4-21中(b)—(i)任意一种情形,则致使这些承灾体受到爆炸影响而受损。而由于受损的供水、供电、供暖、供气等管网状设施各子系统内部固有关联的存在,灾害影响会进一步沿着其结构进行传播扩散,导致其提供的服务或功能在更大面积上受到影响(因固有联系而产生的影响拓扑关联)。

图4-24 泄漏原油沿排水暗渠蔓延示意图

泄漏原油及其混合气体在排水暗渠内蔓延、扩散、积聚(管网状的排水暗渠段之间固有联系而产生的影响拓扑关联),最终造成大范围内连续爆炸,形成以爆炸点为中心的多个卵({卵k}),对与这些卵存在空间影响拓扑关联的其他承灾体造成影响和破坏,甚至各卵重叠相连,形成了爆炸的多米诺效应。

泄漏原油沿排水暗渠流入海洋,导致海滩及海水污染,居民养殖的蛤蜊、螃蟹和鱼虾受污染海水影响大量死亡,此过程中是以排水暗渠入海口为卵黄、原油污染海域为卵白构成的卵 i,与卵 i 产生影响拓扑关联的承灾体为海水、海滩及海洋动植物。

本章围绕情景构建的核心要素"承灾体",主要研究承灾体的基本灾害属性、区域空间分布特征和关联特征。

首先,从承灾体在区域灾害系统中的功能角色及承灾体在区域空间中分布的连续性两个方面,对承灾体分类进行了探讨,提出了区域承灾体分层表示的思想,基于承灾体空间分布网络化表示,分析了不同层次承灾体之间的融合方法。其次,围绕承灾体的基本特征进行了分析,重点界定了与灾害级联效应相关的承灾体灾害演化属性。以风险控制和情景—应对为目标、灾害损失最小化为基本原则,划分承灾体状态,并分析了灾害情景演化过程中承灾体状态的演化模式,在此基础上,确定了承灾体状态演化的逻辑路线。再次,基于土地利用类型研究了构成区域的关键承灾体的空间分布特征,构建了区域建筑环境的结构—功能分布矩阵,并提出了建筑物脆弱性评估流程;基于人类社会经济行为的时空差异性分析,建立了"人口—行业—土地"之间的映射关系,构建了区域昼夜人口分布差异模型,刻画灾害影响下区域人口的暴露性水平。最后,基于承灾体的灾害演化属性,研究了能够反映灾害后果传播路径的承灾体之间的影响拓扑关联。在承灾体关联类型分析基础上,结合 RCC-5 理论定义了一种影响拓扑关联来刻画区域承灾体之间的关联特征。针对"11·22"青岛输油管道泄漏爆炸特别重大事故,重点探讨了此事件的灾害后果及其形成过程,借助该案例对承灾体的灾害演化属性和承灾体之间的影响拓扑关系,在灾害情景分析中的应用进行说明。

通过案例分析表明,本章提出的承灾体"卵—黄"模型和承灾体之间的影响拓扑关联有助于突发事件灾害后果传播、扩散路径的分析,能够很好地阐述突发事件的级联效应发生的过程。

第五章　面向级联效应分析的区域网络模型构建

基于承灾体空间分布特征以及承灾体影响拓扑关联的研究，本章从"情景—应对"的视角出发，以承灾体为节点、承灾体之间的影响拓扑关联关系为边，综合考虑事件特点及区域特征，对受灾区域的抽象建模方法进行研究，将其作为构建区域灾害情景模型的结构基础。首先，结合本研究对区域灾害情景的定义，从系统论的角度，对受灾区域构成要素进行分析；其次，结合承灾体的灾害演化属性和空间特征，研究区域承灾体影响拓扑关联网络的生成方法；最后，设计算例对该方法进行了应用说明，并针对算例结果进行了讨论和分析。

第一节　城市区域灾害系统模型的构成要素

突发事件的情景既有初始情景，也有终止情景，应急响应级别的确定是由初始情景决定的，从初始情景到终止情景中间经过了灾害的演化情景，这些都是应急决策所面临的灾害情景。突发事件情景构建是事前应急准备的重要内容。虽然事前无法确定发生的区域及其特点、事件的严重程度及事发后的应对措施，但应急准备最关键的是做好应对最坏、最困

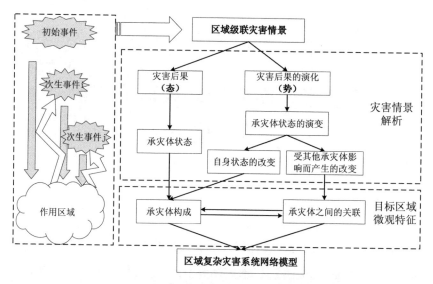

图5-1　面向级联灾害情景演化的区域模型构建思路

难灾难的准备[①],对于任意一种突发事件,需要在综合考虑应对措施、脆弱性等因素的基础上,系统梳理灾害的情景,既要了解情景的状态,也要对其演化的可能性进行全面把握。因此,从应急决策的角度考虑,基于态势的灾害情景定义更符合事件发生发展的演化趋势。为此结合第四章第二节中承灾体状态及其转换路线的研究,以及承灾体之间影响拓扑关联的分析,从态势的观点研究突发事件的灾害情景,其中,"态"即承灾体的状态,"势"即承灾体状态之间的演化趋势。

区域级联灾害情景是灾害系统中各个要素相互作用的结果,刻画的是承灾体的灾害后果及其演化趋势,如图5-1上半部分所示。

灾害后果主要通过承灾体状态来体现。承灾体状态表征的是在某种不利影响的作用下承灾体的受损情况,不同致灾因子可能导致承灾体状

① Cf. Tinti S., Tonini R., Bressan L., et al., "Handbook of Tsunami Hazard and Damage Scenarios", EUR 24691, 2011; Ranghieri F., Ishiwatari M., "Risk Assessment and Hazard Mapping", World Bank Group, 2017.

态体现形式存在差异,如传染病中人接触传染源可能被感染,地震中人受建筑物掩埋而受伤;且同一致灾因子作用下承灾体状态也存在差异,表现为受损程度的不同,如地震中人的状态有正常、轻伤、重伤、死亡、失踪,建筑物状态有基本完好、轻微破坏、中度破坏、严重破坏和损毁。从情景—应对的角度分析,不同应对措施针对的也是承灾体的不同状态,例如对正常承灾体的防护、不同程度受损承灾体的抢修、损毁承灾体的处置等。由此,本研究认为承灾体及其状态为构成任意灾害情景的最基本要素。

承灾体灾害后果的演化路线通过两个途径发生,一种是随时间承灾体自身状态的改变,如传染病中受感染的人可能死亡,这是由于承灾体的自身属性决定的;另一种是不利影响在不同的承灾体之间扩散,如受损的加油站发生爆炸导致周围建筑受损或损毁、受损的电力设施功能发生故障导致通信功能受到影响等,正是由于承灾体之间存在的影响拓扑关联导致了这种演化情景的发生,形成了次生灾害产生的孕灾环境。因此,本研究认为承灾体之间的影响拓扑关联关系是造成灾害情景演化的关键基础条件。

从系统论的角度分析,任何区域都可以由构成要素(承灾体)和要素之间的相互作用关系(承灾体之间的关联)共同构成。结合本研究对区域灾害情景的定义,区域级联灾害情景可以通过事件当前造成的灾害后果以及在当前灾害后果的基础上向未来发展的趋势来描述,其中承灾体状态直接体现灾害后果,承灾体之间的关联造成了灾害后果演化趋势的复杂多样。因此,将目标区域构建为以承灾体为节点、承灾体之间的影响拓扑关联为边的网络模型(见图5-1下半部分)来作为分析区域级联灾害情景演化及风险分析的基础。

第二节　区域承灾体关联网络模型构建流程

基于对区域灾害情景及其构成要素的分析,本章选择构建以承灾体为节点、承灾体之间的影响拓扑关联为边,构建能够反映级联灾害情景演化潜在路径的区域模型。具体流程如下:

一、承灾体逻辑关联网络

第一,明确原生灾害,根据经典灾害案例及灾害链相关研究,总结该原生事件下的各类可能的次生灾害事件,形成灾害情景事件集 $H = \{h_0, h_1, h_2, \ldots, h_p, \ldots, h_m\}$,其中 h_0 代表原生事件, h_p 代表原生事件可能引发的次生事件, $m \in \mathrm{N}^*$ 表示可能引发次生事件的最大数量。

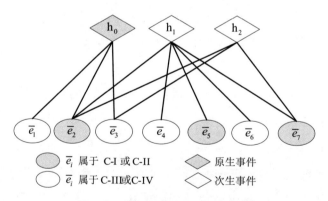

图5-2　事件—承灾体二分图示意图

第二,分析各类事件中所可能涉及的承灾体,表示为 $\bar{E}_{h_p} = \{\bar{e} \mid h_p \to \bar{e}\}$,且各类事件与承灾体之间呈现出自然的二分结构,本研究将以事件—承灾体为顶点所形成的二分图表示为 $G = (H, \bar{E})$ 。将 $\bar{E}_{h_p}$ 综合取并集运算得到 $\bar{E} = \bigcup\limits_{p=0}^{m} \{\bar{e} \mid h_p \to \bar{e}\}$,构成原生事件 h_0 可能导致的灾害情景下承灾体的非空有限集合 $\bar{E} = \{\bar{e_1}, \bar{e_2}, \bar{e_3}, \ldots, \bar{e_i}, \ldots, \bar{e_n}\}$，$n \in \mathrm{N}^*$ 表示可能受到影响的承灾体的最多种类。例如某原生灾害事件 h_0，可能引发的次生事件包括两种 h_1 和 h_2，3 类事件各自影响的承灾体集合的并集包含 7 类承灾体元素，其构成的事件—承灾体二分图（如图 5-2 所示）。

第三，基于事件—承灾体二分图，综合考虑各事件下承灾体的演化属性，构建承灾体集合 $\bar{E}$ 中元素在事件集合 H 任意元素作用下的判定系数矩阵 $DC = [dc_{h_p}^{\bar{e_i}}]_{n \times (m+1)}$，其中矩阵元素 $dc_{h_p}^{\bar{e_i}}$ 用来判断在事件中，区域中的任意承灾体的最坏状态的演化属性，结合第三章内容中对承灾体灾害后果演化模式的相关分析所决定，对应 0/1/2/3 四值元素，表示为：

$$dc_{h_p}^{\bar{e_i}} = \begin{cases} 0, \bar{e_i} \text{ 在事件 } h_p \text{ 中不受影响} & (\mathrm{C-IV}) \\[1em] 1, \bar{e_i} \text{ 在事件 } h_p \text{ 中可能呈现受损状态，但该受损状态的 } \bar{e_i} \\ \quad \text{不会影响其他承灾体} & (\mathrm{C-III}) \\[1em] 2, \bar{e_i} \text{ 在事件 } h_p \text{ 中可能呈现受损状态，且该受损状态的 } \bar{e_i} \\ \quad \text{也可能是事件 } h_p \text{ 爆发的致灾因子，也可能会再受到} \\ \quad \text{其他承灾体的影响} & (\mathrm{C-II}) \\[1em] 3, \bar{e_i} \text{ 在事件 } h_p \text{ 中可能呈现受损状态，且该受损状态的 } \bar{e_i} \\ \quad \text{也可能是事件 } h_p \text{ 爆发的致灾因子，但是不会再受到} \\ \quad \text{其他承灾体的影响} & (\mathrm{C-I}) \end{cases}$$

$$(5.1)$$

第四，将事件—承灾体二分图 $G = (H, \bar{E})$ 投影到承灾体集合 $\bar{E}$ 中的顶点构成的单分图 $\tilde{G} = (\perp, \bar{E})$。

原生事件 (h_0) 发生以后，集合 $\bar{E}_{h_0}$ 中的承灾体可能在原生致灾因子作用下出现受损状态，如果该受损状态的承灾体 $\bar{e_i}$ 是导致次生事件 (h_p) 形成的致灾因子，那么在次生事件 h_p 下该承灾体状态的演化模式一定为

C-Ⅰ或 C-Ⅱ 之一，即 $dc_{h_p}^{\bar{e}_i} = 2$ or $dc_{h_p}^{\bar{e}_i} = 3$。在以灾害链为前提梳理的事件集中，每类事件对应的承灾体集合里，一定存在至少一类演化模式为 C-Ⅰ或 C-Ⅱ 的承灾体状态，继而，在集合 $\bar{E}_{h_p}$ 中分析承灾体的状态及其演化模式：如果某类承灾体只是引发该次生事件的致灾因子，即 $dc_{h_p}^{\bar{e}_i} = 3$，那么集合 $\bar{E}_{h_p}$ 其他承灾体存在受到该承灾体灾害后果影响的可能，建立该承灾体与集合 $\bar{E}_{h_p}$ 中其他承灾体之间的有向关联；如果某类承灾体即是引发该次生事件的致灾因子，在该次生事件下也会再次受到影响，即 $dc_{h_p}^{\bar{e}_i} = 2$，那么集合 $\bar{E}_{h_p}$ 中 $dc_{h_p}^{\bar{e}_i} \neq 3$ 的承灾体存在受到该承灾体灾害后果影响的可能，建立该承灾体与集合 $\bar{E}_{h_p}$ 中 $dc_{h_p}^{\bar{e}_i} \neq 3$ 的其他承灾体之间的有向关联。以此类推，逐步分析每类次生事件下承灾体间可存在的影响关系，实现事件—承灾体二分图 $G = (H, \bar{E})$ 向承灾体单分图 $\tilde{G} = (\perp, \bar{E})$ 的转化。转化规则（*Rule a*）可被描述为"IF-THEN"的形式，表示如下：

Rule a：If $dc_{h_p}^{\bar{e}_i} = 3$ and $\bar{e}_j \in \bar{E}_{h_p}$ and $j \neq i$ Then $ir_{ij} = 1$

ElseIf $dc_{h_p}^{\bar{e}_i} = 2$ and $\bar{e}_j \in \bar{E}_{h_p}$ and $dc_{h_p}^{\bar{e}_j} \neq 3$ and $j \neq i$ Then $ir_{ij} = 1$

Else $ir_{ij} = 0$

End

由此，可以得到各承灾体类型之间的关联矩阵 $IR = [ir_{ij}]_{n \times n}$，得到的单分图 $\tilde{G} = (\perp, \bar{E})$ 即为承灾体潜在影响关系有向网络，将其称为承灾体之间的逻辑关联网络。基于图 5-2 的事件—承灾体二分图，按照 *Rule a* 获得承灾体之间的逻辑关联网络的过程如图 5-3 所示。

在该有向网络中，源点基本对应演化模式为 C-Ⅰ的承灾体类型，中间的各节点对应演化模式为 C-Ⅱ的承灾体类型，有向网络中的汇点对应演化模式为 C-Ⅲ的承灾体类型，而离散的节点则对应着演化模式为 C-Ⅳ的承灾体类型，该类承灾体虽不参与到灾害情景在承灾体之间的演

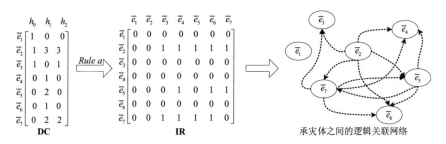

图 5-3　各类承灾体潜在影响关系确定方法示意图

化但是计入灾害损失。

二、区域承灾体影响拓扑关联网络

首先,以承灾体逻辑关联网络为基础,将承灾体赋予区域特征,进行区域具体化,表示为 $\bar{E}e$ 。针对目标区域,梳理该区域中上述类型承灾体的具体构成,如 $\bar{e}_i = \{\bar{e}_{i1}, \bar{e}_{i2}, \cdots, \bar{e}_{io}\}$ 表示该区域中第 i 类承灾体有 o 个。本研究按照承灾体不同的分布方式及其自身的结构特征,分析区域中各类承灾体恰当的表示方法。基本的结构类型有:扁平式结构和垂直结构,区域中任意类型的承灾体都可以基于以上两种基本结构进行表示。对于连续不均匀分布的承灾体群体,把区域内性质接近或相似的部分看作一个整体对待,划分为若干个子区域,再将每个子区域看作一个承灾体,实现分布的离散化。其中对于离散化之后的连续不均匀分布的承灾体和对于本身离散分布且相互独立的承灾体,采用扁平式结构;若该类承灾体内部本身存在层次结构,如供电设施,分为市级、片区级、街区级等,各层之间存在固有的联系,则采用垂直结构或扁平—垂直结构。具体化过程中各个承灾体将继承该类承灾体与其他类型承灾体的所有潜在关联,如果其对应演化模式为 C-Ⅱ,那么具体化之后的同类承灾体之间也存在潜在影响关系,这样可以得到区域中任意承灾体之间的潜在影响关系网络。如上述示例中,将各类承灾体具体化之后,构成的

167

潜在影响关系网络如图 5-4 所示,其中虚线表示潜在影响关系,实线表示固定的影响关系。

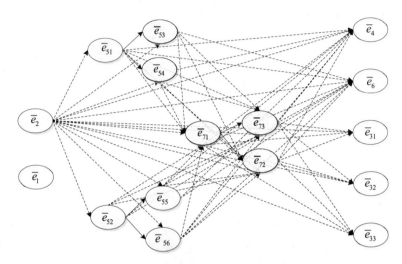

图 5-4　区域承灾体影响关系全网络示意图

其次,为各类承灾体赋予目标区域的属性。将任意区域承灾体属性通过三元组表示 $\bar{e} = <Location, Vulnerability, Dangerousness>$,其中 $Location$ 表示每个承灾体在区域中的位置,基于卵黄模型,分别记录 $Y(\bar{e}_i)$ 为一系列位置坐标构成的集合;$Vulnerability$ 表示承灾体的脆弱性,体现了承灾体承受不利影响的能力,是决定承灾体受损程度的重要因素之一,通常通过一系列生物—物理指标或社会指标来表示和度量;$Dangerousness$ 表示承灾体的危险性,通常与其蕴含的灾害要素有关,代表其最严重灾害后果影响其他承灾体的能力。

不同承灾体灾害后果扩散范围的差异,是由承灾体当前的受损程度 $S(\bar{e}_i)$ 和内含物的危险性 $D(\bar{e}_i)$ 共同决定,设 DS 为表示区域各个承灾体扩散范围的向量 $DS = [ds(\bar{e}_i)]$,其中 $\bar{e}_i \in \bar{E}e$,$ds(\bar{e}_i) = f(S(\bar{e}_i), D(\bar{e}_i))$。

再次,基于卵黄模型对承灾体影响范围进行表示。基于承灾体影响范围的卵黄模型,本研究考虑承灾体最严重受损状态下灾害后果的扩散范围,计算承灾体的最大可能影响范围。设承灾体 $\bar{e}_i$ 受损位置坐标为 $l_i = (l_{ix}, l_{iy})$,且 $l_i \in Y(\bar{e}_i)$,那么以该点为中心,承灾体灾害后果的扩散范围为:

$$w(\bar{e}_i) = \{l_o = (l_{ox}, l_{oy}) \mid \mid l_{ox} - l_{ix} \mid \leqslant ds(\bar{e}_i), \mid l_{oy} - l_{iy} \mid \leqslant ds(\bar{e}_i), (l_{ox},$$
$$l_{oy}) \in Z^*, o \neq i\} \tag{5.2}$$

进一步,可计算出承灾体的最大影响范围:

$$E(\bar{e}_i) = Y(\bar{e}_i) \cup W(\bar{e}_i) = Y(\bar{e}_i) \cup \bigcup_{l_i \in Y(\bar{e}_i)} w(\bar{e}_i) \tag{5.3}$$

最后,进行区域承灾体影响拓扑关系筛选及确定。基于 $R-9$,针对具有演化属性的承灾体 $\bar{e}$,分析该承灾体及其灾害后果影响范围构成的"卵—黄"模型与其他承灾体 $\bar{e}_j$ 之间的空间拓扑关系,如果该关系属于 $R\text{-}9(b) \sim R\text{-}9(i)$ 任意一种,并且逻辑关联成立,即 $ir_{ij} = 1$,那么在该区域内承灾体 $\bar{e}_i$ 与 $\bar{e}_j$ 之间存在影响拓扑关联关系。将该规则(Rule b)表示为"IF-THEN"的形式,据此依次分析承灾体 $(\bar{e}_i, \bar{e}_j)$ 之间的影响拓扑关系。

Rule b: If $R(\bar{e}_i, \bar{e}_j) \in \{R-9(b) \sim R-9(i)\}$ and $ir_{ij} = 1$

Then extract the relation between $\bar{e}_i$ and $\bar{e}_j$

End

在上述示例中,加入承灾体的最大影响范围即能够得到该区域承灾体影响拓扑关系网络(如图 5-5 所示),该网络即为面向灾害情景构建的区域承灾体关联网络。

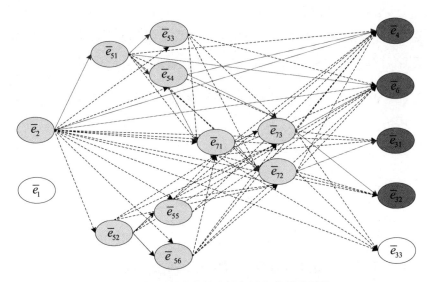

图 5-5　区域承灾体之间的影响拓扑影响网络

第三节　承灾体关联网络模型在级联
灾害风险分析中的应用

本节以地震作为原生事件,并参照某地区用地控制性详细规划图①和典型的地震灾害案例,设计了算例区域 A、B 和 C 以对该方法进行应用说明。

一、算例设计

本节根据土地利用情况,利用百米栅格数据来描述不同区域的基本

———————

① 参见《安庆市北部新城地区规划提升暨单元规划公示公告》,安庆市政府网站 2016 年 6 月 30 日,http://www.aqghj.gov.cn/plus/view.php? aid = 6572;《深圳市 LG102－07&T3、LG102－06/08、102－02&04&05、102－01&03&T1&T2 号片区［坂田北地区］法定图则》,深圳国土资源和房产管理局网站 2015 年 9 月 2 日,http://gis.szpl.gov.cn/xxgk/csgh/fdtz/lg/201509/t20150902_109040.htm。

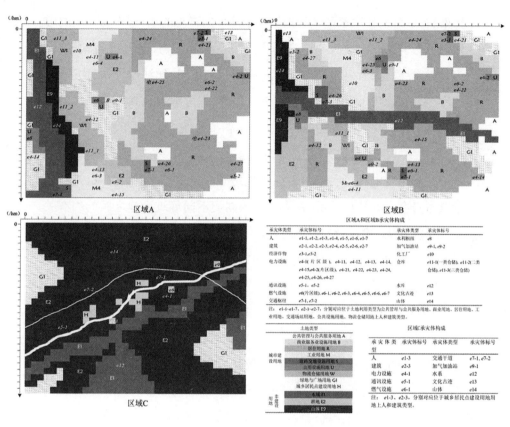

图 5-6　区域 A、B 和 C 的基本概貌图

特征。算例中区域 A、B 和 C 面积大小相似,约为 900 公顷,如图 5-6 所示。其中区域 A 和区域 B 具有相同的承灾体构成,但是不同的空间分布,基本情况贴近于城市地区;区域 C 相对于区域 A 和区域 B 来讲,只包含少量的承灾体,基本情况贴近于现实中的偏远地区。

借鉴历史灾害事件中地震及其次生灾害发生的特点和规律的相关研究①,本研究选择火灾、爆炸、有毒物质泄漏、滑坡/泥石流、堰塞湖、水灾、

——————

① 参见尹卫霞、王静爱、余瀚等:《基于灾害系统理论的地震灾害链研究——中国汶川"5·12"地震和日本福岛"3·11"地震灾害链对比》,《防灾科技学院学报》2012 年第 2 期。

传染病、生命线秩序紊乱8种地震发生短期内常见的事件,作为该实例中地震可能引发的次生灾害。选择人、建筑、经济作物、电力设施、通信设施、燃气设施、交通枢纽(火车站、港口)、水利枢纽、加油加气站、化工厂、仓库、水系(水库、湖泊等)、文物古迹、山体,作为地震及其可能引发的次生灾害下可能受到影响的典型承灾体。需要说明的是,对于城市电力、通信、燃气等管网状系统,目前的研究大多默认其拓扑结构是已知的,在此,本研究利用变电站(所)、通信站、燃气站等枢纽设施的层级关系,近似表示其本身存在的拓扑关系,并将其作为同类不同等级设施之间的固有关联。这样除人、建筑、经济作物等符合连续不均匀分布特征的承灾体外,其余类型承灾体更符合离散分布的特点,且在各区域中分布情况如图5-6中标记。

针对连续不均匀分布的承灾体——人、建筑和经济作物,本研究选择土地利用类型作为其离散化的标准,并将离散后的每部分看作一个承灾体。之所以选择土地类型作为其离散化的标准,是因为土地利用系统是自然、人类、社会、经济和技术等子系统耦合而成的复杂巨系统,在空间与功能上表现出不同的组合关系和结构格局,不同功能的用地类型上人们的工作、消费、休闲等行为具有明显差异,形成了区域人口空间分布特征的差异;相同功能区土地利用类型上的建筑结构特征也较为相似,且在不同用地类型上存在差异;此外耕地是各类经济作物的种植范围,用地类型上的空间分布差异特征尤其明显。

二、区域承灾体影响拓扑关系网络的生成

在本算例中 $H = \{$地震,火灾,爆炸,有毒物质泄漏,滑坡/泥石流,堰塞湖,水灾,传染病,生命线秩序紊乱$\}$,其中地震为 h_0; $\bar{E} = \{$人,建筑,经济作物,电力设施,通信设施,燃气设施,交通枢纽(火车站、港口),水利枢纽,加油加气站,化工厂,仓库,水系(水库、湖泊等),文物古迹,山体$\}$,

结合经验和灾害案例构建事件—承灾体二分网络。

其次,结合各类承灾体灾害后果演化模式,给出任意灾害事件下承灾体灾害后果演化模式的判定系数。特定类型突发事件的致灾因子和承灾体是客观的,但不一定是唯一的,判断系数确定的依据主要来于对不同突发事件下致灾因子和承灾体的辨识以及灾害后果的梳理,如地震中的火灾可能是由电力设施受破坏放电引发,可能是燃气设施受破坏泄露引发,或者仓库易燃物摩擦引发等,因此这些类型的承灾体既可能是引发火灾的致灾因子,也可能受火灾影响,因此在次生事件——火灾下将其判定系数赋予 2;而人、建筑、经济作物等,只是在火灾中受到影响,因此将其判定系数赋予 1;地震引发的水灾,可能是水利枢纽受损造成,但是在水灾中水利枢纽不再受到其他承灾体灾害后果的影响,因此这类承灾体判定系数赋予 3。最终得到各类承灾体在任意灾害事件下的判定系数矩阵 $DC = [dc_{h_p}^{\overline{e}_i}]$ 如图 5-1 所示:

表 5-1　各类型承灾体在任意灾害事件下的判定系数矩阵

		h_0	h_1	h_2	h_3	h_4	h_5	h_6	h_7	h_8
		地震	火灾	爆炸	有毒物质泄漏	滑坡/泥石流	堰塞湖	水灾	传染病	生命线秩序紊乱
$\overline{e}_1$	人	1	1	1	1	1	0	1	2	0
$\overline{e}_2$	建筑	1	1	1	0	1	0	1	0	0
$\overline{e}_3$	经济作物	1	1	0	1	1	0	1	0	0
$\overline{e}_4$	电力设施	1	2	1	0	1	0	1	0	2
$\overline{e}_5$	通信设施	1	1	1	0	1	0	1	0	2
$\overline{e}_6$	燃气设施	1	2	2	3	1	0	1	0	1
$\overline{e}_7$	交通枢纽	1	1	1	0	1	0	1	0	1
$\overline{e}_8$	水利枢纽	1	1	1	0	1	0	3	0	0

		h_0	h_1	h_2	h_3	h_4	h_5	h_6	h_7	h_8
$\bar{e}_9$	加气加油站	1	2	2	3	1	0	1	0	0
$\bar{e}_{10}$	化工厂	1	2	2	3	1	0	1	0	0
$\bar{e}_{11}$	仓库	1	2	2	2	1	0	1	0	0
$\bar{e}_{12}$	水系	0	0	0	1	1	1	3	0	0
$\bar{e}_{13}$	文化古迹	1	1	1	0	1	0	1	0	0
$\bar{e}_{14}$	山体	1	0	0	0	3	3	0	0	0

基于判定系数矩阵，从地震可能引发的任意次生事件开始，按照规则（Rule a）将事件—承灾体二分图投影到承灾体单分图，获得各类承灾体之间的逻辑关联网络，以各区域间涉及的最多承灾体为基础，并将各类型承灾体具体化。其中，使各个承灾体继承该类承灾体与其他类型承灾体的所有潜在关联，并明确本身存在等级关系的承灾体之间的固有关系，如片区级变电站 e4-1 与小型变电所 e4-11～ e4-15 等，可以得到任意承灾体之间的潜在影响关系网络（如图 5-7）。

为网络中各个节点赋予区域属性 $\bar{e}$ =<$Location$, $Vulnerability$, $Dangerousness$>，进行承灾体影响拓扑关系的筛选。栅格化处理的区域，用坐标或者坐标的集合来确定各个承灾体在区域中的具体位置；承灾体自身的脆弱性和危险性与各类致灾因子共同作用，决定了承灾体灾害后果的扩散范围，扩散范围大小的确定本身是一个复杂的研究课题，本研究暂不进行拓展，在此参考已有的多类承灾体扩散相关研究及相关事件案例，设定区域 A、B 和 C 中各个承灾体灾害后果的最大扩散范围 $DS = [ds(\bar{e}_i)]$。此外，为体现承灾体危险性这一因素对所形成的灾害情景的影响，本研究在区域 B 的基础上，增加设置了一组对比—区域 B'，区域 B'中承灾体的最大扩散范围是在区域 B 中承灾体最大扩散范围基础上,通过公式 round(2^* rand$^*ds(\bar{e}_i)$)获得,即同种类型的承灾体的最大扩散范围在 0—2 倍内随机生成,并四舍五入取整数值。如此,设置本实验中扩散范围可能大于百米的各个承灾体的最大扩散范围见表 5.2,其余最大扩散范围设为 0。

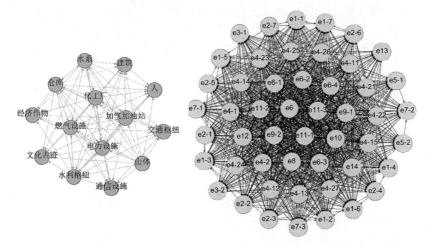

图 5-7　区域各类型承灾体潜在影响关联网络及其具体化

表 5-2　承灾体灾害后果的最大扩散范围

区域	e4-1	e4-2	e6	e6-1	e6-2	e6-3	e6-4	e8	e9-1	e9-2	e10	e11-2	e11-3	e12	e14
A、B	1	1	2	1	1	1	1	1	2	2	4	1	3	2	2
B'	0	0	2	0	2	1	1	0	2	2	7	0	0	0	4
C	1	/	/	1	/	/	/	/	2	/	/	/	/	2	2

注:$ds(\bar{e}_i)$ 为栅格距离

继而,基于式 5.2 和式 5.3 确定各个承灾体及其最大扩散范围所构成的卵集{ $E(\bar{e}_i)$ },即承灾体自身及其扩散范围所占据的栅格的集合。然后,基于规则 Rule b,在图 5-7 的基础上,提取各区域各个承灾体之间可能的空间影响拓扑关系。

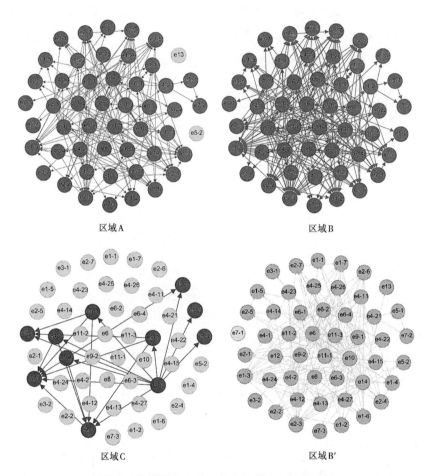

区域A　　　　　　　　　　区域B

区域C　　　　　　　　　　区域B′

图 5-8　各区域各个承灾体之间影响拓扑关系网络

如图 5-8 所示,区域 C 被表示为 11 个节点,22 条边构成的承灾体有向网络;区域 A 被表示为 50 个节点(其中 2 个离散节点代表只受原生事件的影响),153 条边构成的承灾体有向网络;区域 B 被表示为 50 个节点,196 条边构成的承灾体有向网络;区域 B′ 相对区域 B 而言,只对承灾体灾害后果的最大影响范围进行了调整,则构成的承灾体有向网络边为 50 个节点、161 条边,且其中存在一个只受原生致灾因子影响的离散节点。此类反映区域承灾体关联的网络模型是分析受灾区域灾害情景及其演化的基础,其中节点越多代表该区域受影响的承灾体越多,灾害情景越复杂;而承灾体种类和数量相同时,网络中的连边越多,代表灾害后果扩散的路径越多,区域灾害情景也会越复杂,反之灾害情景则相对简单。

从图5-6和图5-8可以看出,区域C情景相对简单,承灾体尤其是重大危险源较少,且分布分散,各承灾体主要受原生事件地震影响,次生灾害不会很明显。典型的例子是,2001年中国昆仑山地区8.1级大地震,由于地震位置较为偏僻,对途径光缆和青藏铁路造成一定的影响,但未发生人员伤亡。而区域A、区域B和B',承灾体众多、关联复杂,一旦发生地震极易引发次生事件造成严重的人员伤亡和财产损失,如在2008年汶川地震中遭受损失的诸多城镇。对于此类区域,辨识区域中的各类承灾体,厘清承灾体之间潜在的影响关系,对于识别区域风险、有效防灾减灾、高效灾害救援至关重要。

三、基于区域网络模型的灾害损失风险分析

首先,无论是针对单一事件还是多事件,任何区域灾害情景都可以由不同类别及不同组合形式的承灾体及其关联表示,因此本研究所提出的方法适用于任意区域的承灾体关联网络建模,如本研究所应用的各个不同区域A、B(B')和C。通过区域C与区域A、B所形成的承灾体关联网络的对比,可以非常显著地体现出承灾体构成差异对区域灾害情景复杂程度的影响;通过区域A和区域B所形成的承灾体关联网络的对比,可以体现出承灾体空间布局对于对区域灾害情景复杂程度的影响;通过区域B与B'的对比,可以体现承灾体危险性对区域灾害情景复杂程度的影响。灾害情景复杂度越高的区域面临的灾害损失风险也越大。

其次,基于区域承灾体关联网络模型,利用网络测度指标,分析能够反映区域特征的网络结构特征,可以辨识某一区域中的风险,可以为优化区域布局、制定防灾减灾政策提供参考意见。

度量网络中节点重要性的指标有很多,网络测度指标的选择必须要结合"情景—应对"的实际需求。在突发事件情景中,决策者除了关注原生致灾因子引发的灾情外,往往还关注哪些承灾体灾害后果可能成为转化为次生致灾因子、哪些承灾体可能受到次生致灾因子的影响,哪些承灾体会使灾害后果在时间和空间范围内不断传播扩散。因此,本研究从点度中心性和介数中心性两个方面,计算了区域 A、区域 B、区域 B'和区域 C 承灾体关联网络中节点的重要性。度中心性刻画了节点的直接影响能力,是一种网络节点局部重要性度量指标;介数中心性刻画了节点对网络中沿最短路径传输的网络流的控制能力,是一种网络节点全局重要性度量指标。由于承灾体影响拓扑关联网络是典型的有向网络,入度和出度分别代表了承灾体在灾害情景演化过程中的不同作用:入度体现了承灾体受影响的程度,出度则体现了承灾体影响其他承灾体的程度。网络节点的介数中心性体现了承灾体在灾害后果传播扩散过程中发挥的作用,某一承灾体的介数中心性越高,意味着如果该承灾体受损,对整体灾害后果的传播和扩散影响越大。具体计算结果如表 5-3 所示(前六位)。

表 5-3　区域间承灾体关联网络结构测度指标对比

区域 A			区域 B		
平均度 6.04	平均路径长度 1.92		平均度 7.84	平均路径长度 1.40	
入度	出度	介数中心度	入度	出度	介数中心度
e1-3(12)	e4-2(13)	e10(55)	e1-3(21)	e12(20)	e10(23)
e2-3(11)	e6(12)	e11-3(44)	e2-3(20)	e10(19)	e12(22)
e1-4(11)	e14(12)	e6-4(40)	e1-2(11)	e6(17)	e11-3(16)
e2-4(10)	e4-1(10)	e12(38)	e1-7(11)	e14(14)	e6(13)
e1-7(10)	e10(9)	e6(26)	e2-2(10)	e11-3(13)	e9-1(7)
e2-7(9)	e12(9)	e6-1(18)	e2-7(10)	e4-2(13)	e6-1(6)

区域 B'			区域 C		
平均度 6.44	平均路径长度 1.31		平均度 4.00	平均路径长度 1.00	
入度	出度	介数中心度	入度	出度	介数中心度
$e1-3(17)$	$e10(29)$	$e6(19)$	$e1-3(6)$	$e14(10)$	\(0)
$e2-3(16)$	$e14(22)$	$e6-4(8)$	$e2-3(5)$	$e6-1(4)$	\(0)
$e1-7(10)$	$e6(18)$	$e6-2(7)$	$e7-1(3)$	$e9-1(4)$	\(0)
$e2-7(9)$	$e9-1(11)$	$e6-3(6)$	$e13(2)$	$e12(4)$	\(0)
$e1-6(7)$	$e4-2(9)$	$e4-25(5)$	$e6-1(1)$	$e4-1(2)$	\(0)
$e1-4(7)$	$e4-1(7)$	$e4-21(4)$	$e9-1(1)$	$e2-3(1)$	\(0)

针对区域承灾体影响拓扑关联网络中度和介数中心度高的承灾体,在减灾备灾过程中应重点降低承灾体自身的脆弱性,提高其抗灾能力,事件发生后的应急响应过程中既要尽力控制其状态恶化,即减小承灾体及其灾害后果构成的卵中"卵白"形成的宽度,也应该加强对已形成的卵占据的范围内的其他承灾体的防护力度,尽力切断灾害后果的传播路径,降低承灾体之间影响拓扑关联形成的可能。

再次,构建不同区域、相同原生及次生事件下的区域承灾体关联网络,通过对比网络结构特点可以比较区域间的灾害损失风险。相较于传统的基于指标的区域灾害风险评价,该模型可以反映即使相同的承灾体构成,区域灾害风险也存在差异,然而这些差异单单依靠指标却无法体现,如区域 A 和区域 B。

基于承灾体影响拓扑关联网络,可以从以下几个方面对比区域灾害损失风险:

(1)从整体对比分别代表区域 A 和区域 B 的两个网络,网络平均度越大代表该区域承灾体之间的关联程度越高,平均路径长度越低则代表连接任意两个承灾体之间最短关系链中承灾体的个数越少,二者之间直接产生影响的可能性越大,风险越高。

(2)对比区域 A 和区域 B 中出度和入度较高的承灾体,可以发现区域 B 中的承灾体的入度和出度大大高于区域 A,可以显著反应虽然两个区域承灾体种类数量完全相同,但是潜在受损路径和灾害后果的扩散路径还是存在很大差异。其中,入度最高的承灾体均为人和建筑,区域 A 主要是分布于居住用地、工业用地、和物流仓储用地;而区域 B 主要是分布于居住用地、商业用地和物流仓储用地。但是需要指出的是,高入度不等同于高的灾害后果严重性,只能代表受影响的路径的多少,如区域 A 中入度为 11 的 $e1-4$ 在所有路径有效下的受损程度一定会高于入度为 12 的 $e1-3$,这是因为与 $e1-4$ 相关联的承灾体均有更大的危险性。出度较高的多为危险度高扩散能力强的承灾体或者本身具有层结构的顶层承灾体,但同样地,高的出度不等同于高的灾害后果严重性,但区域中出度大同时危险度高的承灾体如果受损定将造成严重的灾害后果,如区域 B 中的 $e12$、$e10$ 等。

(3)介数中心性高的承灾体大多处于网络连接关键位置,其在灾害后果传播过程中发挥"桥梁"作用,如在区域 A 依次为 $e10$、$e1-3$、$e6-4$ 等,区域 B 依次为 $e10$、$e12$、$e11-3$ 等。从整体上看,在入度及出度水平显著高于区域 A 的情况下,区域 B 中承灾体的介数中心性低于区域 A,这代表了区域 B 中的承灾体之间的直接关联更为紧密,预示着更大的灾害后果传播、扩散风险。

(4)以任意承灾体(通常是重大危险源)为源点,逐步抽取区域承灾体网络中的子网络,可以分析和对比该承灾体灾害后果在不同区域的作用对象和潜在演化路径,直观反映该承灾体的区域灾害损失风险水平。

本部分以化工厂 $e10$ 为例,抽取其在区域 A 和区域 B 中直接影响路径和最广传播扩散路径,展示了相同受损状态的化工厂在不同区域的灾害后果演化路径的差异,如图 5-9。化工厂 $e10$ 灾害演化路径子网络,其中节点颜色越深代表其在整体网络中的入度越大,半径越大代表其在整体网络中的出度越大。e10 在区域 A 和区域 B 中直接扩散空间范围大小相同,但直接影响路径分别为 9 和 20,与其周围的社会经济活动丰富程度呈正相关。由于灾害后果的传播扩散作用,e10 在区域 A 和区域 B 中最终造成的空间影响范围存在很大差异。具体来说,区域 A 灾害后果影响范围能够控制在一定范围内,最大影响空间以非建设用地耕地、草地等为界,集中于工业用地和物流仓储用地,不再向商业及生活区扩散;区域 B 工业区与商业、生活、行政等人类经济社会活动频繁的地块交织,一旦 e10 发生严重事故,若得不到有效控制,灾害后果会迅速传播扩散,波及更广的空间范围。

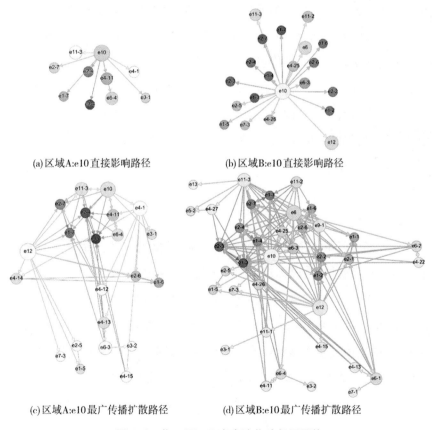

(a)区域A:e10直接影响路径　　　　　(b)区域B:e10直接影响路径

(c)区域A:e10最广传播扩散路径　　　(d)区域B:e10最广传播扩散路径

图 5-9　化工厂 *e*10 灾害演化路径子网络

最后,基于承灾体关联网络的区域情景推演,再具体考虑致灾因子强度、承灾体脆弱性等因素,结合灾害演化的动力学过程,可以进行灾害情景演化过程的模拟和灾害损失风险的分析,为防灾减灾政策制定及应急响应中的"情景—应对"型决策,提供参考建议。这也是我们第六章主要的研究内容。

本章从情景—应对的视角出发,以适用于区域灾害演化规律推理及风险识别为目标,以承灾体为节点、以承灾体之间的影响拓扑关联为边,研究了面向区域灾害情景演化的区域建模方法。首先,面向区域灾害情景构建明确了区域构成要素:承灾体及承灾体之间的关联关系;研究了区域承灾体关联网络模型的生成方法:原生灾害明确的情况下,梳理潜在次生事件及其可能受到影响的承灾体类型,构造事件—承灾体二分网络,并基于承灾体状态演化属性构建判定系数矩阵将事件—承灾体二分网转化为承灾体单分网络;结合区域特征将各类承灾体具体化,形成区域承灾体之间的潜在影响关系全网络;基于承灾体的区域属性确定承灾体的最大影响范围,基于 $R-9$ 从全网络中筛选和提炼承灾体之间的影响拓扑关系,最终形成能够反映受灾区域特征的网络模型。最后,设计某区域实例,对本章所提出的区域模型构建方法进行了应用说明,并对算例区域的网络特征进行了简要分析。

本章提出以承灾体及其关联为核心构建的网络模型来描述区域灾害情景,通过网络结构可以体现不同受灾区域的基本孕灾环境特征,对比不同区域灾害风险。该模型对区域基础数据要求较高,包括研究目标区域内承灾体的种类、数量、脆弱性、危险性、空间分布情况等相关数据信息。然而,目前国内外越来越重视承灾体基本数据库的建设,这也将为本模型的应用提供有力的数据支持。

第六章　城市区域级联灾害风险分析及防控策略

各类突发事件可能发生在任何区域,不同区域灾害系统要素构成存在差异,导致即使是相同事件,灾害情景也不尽相同。针对受灾区域特点构建区域灾害情景,对灾害演化规律进行推理、识别灾害损失风险,是备灾减灾及灾害应对的重要课题。本章以实现使灾害损失风险最小化的"情景—应对"为目标,在描述承灾体影响拓扑关联的区域模型构建研究的基础上,基于情景的"态势"观点,以承灾体及其状态为核心,构建了描述区域灾害情景演化的动力学模型,重点探究突发事件多灾种耦合致灾机理和动力学演化过程,并以级联风险控制及灾害损失最小化为原则,提出相应的级联灾害情景—应对策略。

第一节　级联灾害情景演化动力学模型研究

一、灾害情景演化驱动要素分析

区域灾害损失形成的途径,主要源于两个方面:一类是事件本身所造成的损失,对应着初始灾害情景;一类是由于灾害演化引发的次生、衍生事件而造成的损失,对应着灾害情景的演化。其中后者也是造成灾害损失难以预测的最主要的因素,是本章研究的重点。

承灾体可能产生的各种灾害后果(态)以及灾害后果之间的演化趋势(势)构成了描述区域灾害损失风险的区域灾害情景。灾害情景与灾害损失风险之间的关系如图 6-1 所示。其中,承灾体未来可能出现的不同受损状态就是承灾体所面临的风险,基于风险评估的经典表达式 $Risk = \text{function}(Hazard, Exposure, Vulnerability, Response\ Capacity)$,以及承灾体灾害属性与灾害损失风险之间关系的分析,我们认为,致灾因子的强度、承灾体的暴露程度、承灾体的脆弱性及应急响应能力是影响初始情景和演化情景承灾体状态变化的最主要因素。

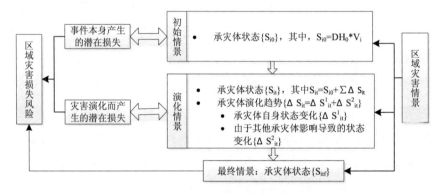

图 6-1　区域灾害情景演化与灾害损失风险形成过程的对应关系

二、灾害情景演化的动力学模型构建

本章以 Lubos Buzna 等人提出的复杂网络上的普适性灾害蔓延动力学模型为基础[1],结合多灾种灾害情境中承灾体异质性的特点,提出承灾

---

[1]　Cf.Buzna L.,Peters K.& Helbing D.,"Modelling the Dynamics of Disaster Spreading in Networks,"*Physica A:Statistical Mechanics and its Applications*,2006,363(1),pp.132-140; Buzna L.,Peters K.& Ammoser H.et al.,"Efficient Response to Cascading Disaster Spreading," *Physical Review E Statistical Nonlinear & Soft Matter Physics*,2007,75(2),p.56107;Peters K., "Modelling of Cascading Effects and Efficient Response to Disaster Spreading in Complex Networks," *International Journal of Critical Infrastructures*,2008,4(4),pp.46-62.

体关联网络上的灾害情景演化动力学模型,该模型的核心是通过承灾体及其状态的变化来体现灾害情景的演化。因此该问题的关键是研究导致承灾体状态变化的驱动因子,以及驱动因子影响下承灾体状态演化机理和过程。

按照突发事件的发生、发展及演变过程,如图6-1所示,将灾害情景的演化划分为3个阶段,初始情景、演化情景和终止情景,分别进行探讨。

1. 初始情景

本研究将在原生致灾因子作用下承灾体呈现的各种状态($S_1 = \{S_{i1}\}$)界定为初始情景(Initial Scenario)。其中,承灾体的各种受损状态,不仅体现了在事件本身作用下灾害损失的大小,而且其中演化属性为I和II的承灾体状态的灾害后果,也将会成为导致灾害在承灾体之间发生演化的新的致灾因子。

初始情景下承灾体 $\bar{e}_i$ 受损状态的程度 S_{i1},主要取决于原生致灾因子作用于该承灾体的强度(DH_0)及承灾体自身的脆弱性 V_{i0},即:

$$DH_0 \times V_{i0} \rightarrow S_{i1} \tag{6.1}$$

2. 演化情景

本研究将原生事件作用之外承灾体状态的变化($\triangle S_{it}$)界定为演化情景(Evolutional Scenario),包括承灾体自身状态的变化($\{\triangle S_{it}^l\}$)以及因为与其他承灾体存在影响拓扑关联而被其他承灾体灾害后果影响而产生的状态变化($\triangle S_{it}^2$),且:

$$\triangle S_{it} = \triangle S_{it}^l + \triangle S_{it}^2 \tag{6.2}$$

任意时刻的演化情景通过当前时刻的承灾体状态($\{S_{it}\}$)以及承灾体之间已经形成的影响拓扑关联网络(Network of Topological Interrelations of Impact,NTII)来刻画。

承灾体自身及其在外界应急响应作用下状态的改变量的 $\triangle S_{it}^l$,与承灾体 $t-1$ 时刻的受损状态相关。若 $t-1$ 时刻承灾体受损状态小于 S_{slight}

（轻微受损），在不再受到外界影响下，承灾体会保持该状态，加入外界修复、防护等应急响应措施（$-rc$）后，恢复正常；若受损程度超过 S_{slight}，即使不再受外界影响，承灾体受损状态也会呈现随时间继续恶化的趋势，设 τ 表示恶化系数，恶化的程度与上一时刻状态和恶化系数共同决定即为 $S_{i(t-1)}/\tau$，若受损状态状态超过可修复的范围，即大于严重破坏程度 S_{severe}，自身状态改变量即为其自身状态恶化程度 $S_{i(t-1)}/\tau$，若在可修复的范围内，即受损状态小于 S_{severe}，状态改变量为二者之和 $-rc+S_{i(t-1)}/\tau$；上一时刻正常状态或彻底损毁状态的承灾体的状态变化为 0。基于上述分析，采用分段函数的形式，表示承灾体自身及其在外界应急响应作用下状态的改变量的 $\triangle S_{it}^{l}$。

$$\triangle S^{1}{}_{it} = \Theta(S_{i(t-1)}) = \begin{cases} -rc, & 0 < S_{i(t-1)} <= S_{slight} \\ -rc + S_{i(t-1)}/\tau, & S_{slight} < S_{i(t-1)} \leq S_{severe} \\ S_{i(t-1)}/\tau, & S_{severe} < S_{i(t-1)} < 1 \\ 0, & S_{i(t-1)} = 1 \vee 0 \end{cases} \quad (6.3)$$

因为与其他承灾体存在影响拓扑关联被其他承灾体灾害后果影响而产生的状态变化 $\triangle S_{it}^{2}$，与当前作用于 $\bar{e}_i$ 的影响程度以及承灾体 $\bar{e}_i$ 当前的脆弱性 V_{it} 相关。

如果承灾体 $\bar{e}_j$ 在 t 时刻呈现的具有扩散性质的受损状态的灾害后果产生新的致灾因子，该致灾因子的强度与前一刻承灾体本身蕴含的危险性物质或能量的总量（D_{jt}）以及承灾体 $\bar{e}_j$ 前一刻的状态 $S_{j(t-1)}$ 相关，且在危险性相同的条件下，承灾体受损状态越严重，产生的新的致灾因子的强度越大。本研究定义函数 Φ 来刻画其强度与承灾体状态的变化趋势：

$$CurrD_{jt} = D_{j(t-1)} \times \Phi(S_{j(t-1)}) = D_{j(t-1)} \times \frac{1-e^{-\mu_j(S_{j(t-1)})}}{1+e^{-\mu_j(S_{j(t-1)}-\theta)}} \quad (6.4)$$

其中，u_j 表明该承灾体危险性随状态变化的敏感程度，θ 为曲线的拐点,且曲线以该拐点中心对称,$S_j \in [0,1]$,则 $\theta = 0.5$,$D_{jt} = D_{j(t-1)} - CurrD_{jt}$,当前承灾体本身蕴含的危险性物质或能量的总量。

然而,$CurrD_{jt}$ 并不等于 t 时刻致灾因子 H_j 作用于承灾体 $\bar{e}_i$ 的强度。经典的物理学认为,物体或粒子的作用强度,随距离的平方而线性衰减,即作用力与距离平方成反比关系,因此本研究定义函数 Ψ 来刻画 $D_{(j \to i)t}$(致灾因子 H_j 作用于 $\bar{e}_i$ 的强度为 $D_{j \to i}$)随承灾体 $\bar{e}_i$ 和 $\bar{e}_j$ 之间的距离 r_{ij} 变化的趋势:

$$D_{(j \to i)t} = CurrD_{jt} \times \Psi(r_{ij}) = \begin{cases} CurrD_{jt}, & r_{ji} \leqslant r_{\bar{e}_j}^- \\ CurrD_{jt} \times \dfrac{1}{r_{ji}^2}, & r_{ji} > r_{\bar{e}_j}^- \end{cases} \tag{6.5}$$

其中,$r_{\bar{e}_j}^-$ 为承灾体 $\bar{e}_j$ 的卵黄的半径,r_{ji} 为承灾体 $\bar{e}_i$ 和 $\bar{e}_j$ 之间的最短栅格距离。由于 $\bar{e}_i$ 和 $\bar{e}_j$ 的区域位置信息 L_i 和 L_j 分别由栅格集合 $Y(\bar{e}_i)$ 和 $Y(\bar{e}_j) \cup W(\bar{e}_j)$ 构成。在计算两个承灾体之间的距离时需要进一步分情况讨论。首先,根据 $CurrD_{ji}$ 随距离衰减的趋势,计算承灾体 $\bar{e}_j$ 在 t 时刻的最大影响范围 $ds_t(\bar{e}_j)$,获得 $W(\bar{e}_j)$。那么,承灾体 $\bar{e}_i$ 受承灾体 $\bar{e}_j$ 影响的部分可以表示为:$N_{j \to i} = Y(\bar{e}_j) \cup W(\bar{e}_j) \cap Y(\bar{e}_i)$,$K_i = size(Y(\bar{e}_i))$ 为构成承灾体 $\bar{e}_i$ 的栅格数量,$K_{ji} = size(N_{j \to i})$ 为构成承灾体 $\bar{e}_i$ 的受影响的栅格的个数。以承灾体 $\bar{e}_i$ 受到的平均作用强度来表示承灾体 $\bar{e}_i$ 的受影响程度:

$$D_{(j \to i)t} = \frac{1}{K_i} \times \sum_{k=1}^{K_{ji}} D_{(j \to ik)t} = \frac{1}{K_i} \times \sum_{k=1}^{K_{ji}} CurrD_{jt} \times \Psi(r_{ijN_{j \to i}(k)}), \{k \mid 1 \leqslant k \leqslant K_{ji}, k \in N^* \} \tag{6.6}$$

假设不同承灾体的作用效果是可以叠加的,那么承灾体 $\bar{e}_i$ 在 t 时刻受到与之存在影响拓扑关联的承灾体的总作用强度 SAI_{it} 为:

$$SAI_{it} = \sum_{j=1}^{n} ir_{ji}^{t} D_{(j \to i)t} \tag{6.7}$$

其中，ir_{ji}^{t} 表示 t 时刻承灾体 $\bar{e}_j$ 与承灾体 $\bar{e}_i$ 之间形成的灾害后果有向传播扩散路径，若承灾体 $\bar{e}_i$ 在承灾体 $\bar{e}_j$ 灾害后果影响范围内则取值为 1，否则为 0，NTII 表示为 $TM^t = [ir_{ij}^t]_{n \times n}$。

V_{it} 为 t 时刻承灾体 $\bar{e}_i$ 的脆弱性，该脆弱性不仅与承灾体初始脆弱性（即正常状态下的脆弱性）相关，而且也会随承灾体受损状态的变化而变化。在此，定义函数 Γ 来刻画承灾体脆弱性与承灾体状态之间的对应关系：

$$V_{it} = V_{i0} \times \Gamma(S_{i(t-1)}) , \Gamma(S_{i\ (t-1)}) = \begin{cases} 1 + \dfrac{1 - e^{-\delta(S_{i(t-1)})}}{1 + e^{-\delta(S_{i(t-1)}-1)}} , 0 \leqslant S_{i(t-1)} < 1 \\ \\ \qquad\quad 0 \qquad\qquad , S_{i(t-1)} = 1 \end{cases} \tag{6.8}$$

式中 δ 表明该承灾体脆弱性随状态变化的敏感程度，理论上不同类型的承灾体 δ 取值是不一定相同的，该模型在此做了适当简化。那么，承灾体 $\bar{e}_i$ 因其他承灾体的影响作用之和产生的状态变化量为：

$$\square S^2_{it} = SAI_{it} \times V_{it} \tag{6.9}$$

综上所述，可得承灾体 $\bar{e}_i$ 在 t 时刻状态的改变量 $\triangle S_{it}$，具体表达为：

$$\begin{aligned} \triangle S_{it} &= \triangle S^1_{it} + \triangle S^2_{it} \\ &= \Theta(S_{i(t-1)}) + SAI_{it} \times V_{it} \end{aligned} \tag{6.10}$$

3. 最终情景

我们将区域中承灾体状态不再因为承灾体之间的相互影响而发生改变时所有的承灾体状态及累积已形成的影响拓扑关联网络界定为最终情景（Final Scenario），也是在特定初始情景下所达到的最坏的情景（Worst-case scenario）。最终情境下通过承灾体灾害后果所体现的损失，即为复杂灾害情景的灾害损失风险。

三、仿真流程设计

基于本研究对突发事件灾害情景的定义及其表示方法,针对所构建的区域灾害情景演化的动力学模型,设计实现该模型的仿真实验流程。该仿真实验的主要输入如下:

(1)承灾体空间位置坐标集 $\{Y(\bar{e}_i) \mid \bar{e}_i \in \bar{E}\}$;

(2)承灾体正常状态下脆弱性属性集 $\{V_{i0} \mid i \in [1,n]\}$;

(3)承灾体转化为致灾因子后的最大危险性属性集 $\{D_{i0} \mid i \in [1,n]\}$;

(4)区域承灾体影响关系全网络 $TM = [ir_{ij}]_{n \times n}$(基于第五章方法构建);

(5)初始情景下承灾体状态集 $\{S_{i1} \mid i \in [1,n]\}$(基于具体事件承灾体易损矩阵或脆弱性曲线计算,下文实例中具体说明)。

基于灾害情景演化的动力学过程分析,将仿真流程划分为3个核心环节,通过仿真模拟承灾体状态的变化以及灾害后果沿承灾体关联网络传播扩散路径的形成过程,来反映复杂灾害情景的演化过程。

(1)判断 t 时间步受损承灾体的灾害后果是否会成为致灾因子,确定成为致灾因子的承灾体灾害后果的影响范围。

根据 $t-1$ 时刻承灾体的受损状态,结合承灾体的灾害演化属性,判断某状态下承灾体的灾害后果是否有转化为致灾因子的可能。如果承灾体的灾害演化属性为 C-Ⅰ 或 C-Ⅱ,则任意状态的该承灾体只具备"承灾"的功能,不会"致灾";如果承灾体的灾害演化属性为 C-Ⅲ 或 C-Ⅳ,则需进一步根据承灾体当前的状态分析:若 $t-1$ 时刻承灾体状态为基本完好或轻微受损($\leqslant S_{slight}$),则认为 t 时刻其灾害后果基本不会对其他承灾体产生影响;若 $t-1$ 时刻承灾体状态为严重受损甚至损毁($>S_{severe}$),则认为 t 时刻其灾害后果会成为影响其他承灾体的致灾因子,并计算 t 时刻灾害后果危险性及其影响范围；若 $t-1$ 时刻承灾体状态处于上述两种情况中间,则加入概率项,代表 t 时刻该状态承灾体在应急响应控制下,会以一定的概率 P 成为影响其他承灾体的致灾因子,计算 t 时刻该承灾体灾害后果危险性及其影响范围,承灾体受损状态越严重概率值越大,概率分布函数如图 6-2 所示。仿真流程如图 6-3 所示。

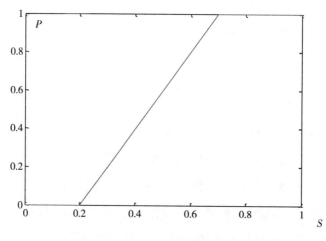

图 6-2 致灾因子形成的概率分布函数

（2）分析 $t-1(t\geq 2)$ 时刻承灾体及其灾害后果扩散范围形成的卵—黄结构,基于影响拓扑关系分析构建承灾体影响拓扑关联矩阵,分析 t 时刻承灾体灾害后果的扩散路径。

在承灾体空间坐标集的基础上,根据流程一中计算所得转化为致灾因子的承灾体灾害后果的 t 时刻最大影响范围 $ds_t(\bar{e}_i)$,计算区域中承灾体卵—黄结构的空间坐标集。结合承灾体影响关系全网络,对两两承灾体之间的影响拓扑关系进行判定,若满足 $ir_{ij}^t=1$ 且 $E(\bar{e}_i) \cap Y(\bar{e}_j) \neq \varnothing$,则形成一条灾害后果沿承灾体 $\bar{e}_i$ 到 $\bar{e}_j$ 的有向传播扩散路径,否则灾害后果不会沿 $\bar{e}_i \to \bar{e}_j$ 传播扩散,得到 t 时刻承灾体影响拓扑关联网络。具体流程如图 6-4 所示。

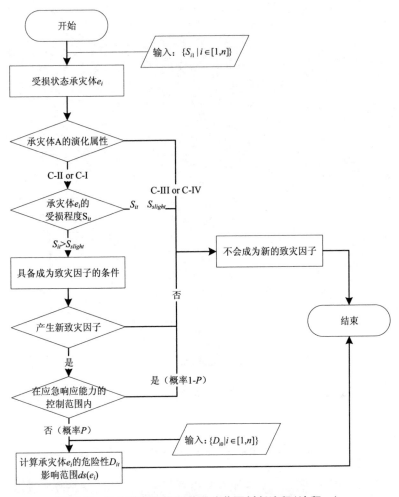

图6-3 承灾体危险性及其影响范围判断流程（流程一）

（3）根据 $t-1(t\geq 2)$ 时刻承灾体的状态，计算承灾体当前脆弱性，分析 t 时刻在应急响应因素、自身状态演化及其他承灾体灾害后果综合作用下，承灾体状态的变化量，得到 t 时刻承灾体状态。

基于流程二中得到的 t 时刻承灾体影响拓扑关联网络，计算由于影响拓扑关联存在其他承灾体灾害后果作用于每个承灾体 $\bar{e}_i$ 的总强度 SAI_{it}，结合承灾体 $\bar{e}_i$ 的初始脆弱性及 $t-1$ 时刻状态，依据公式6.8计算当

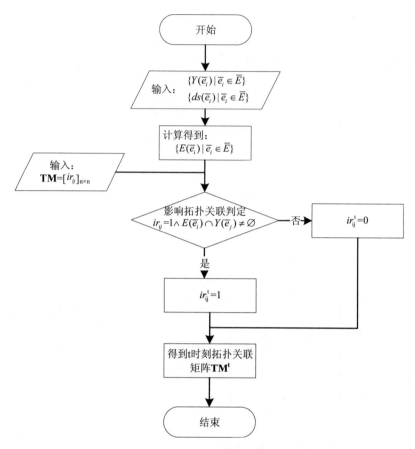

图6-4 承灾体灾害后果的扩散路径判断流程（流程二）

前脆弱性程度,依照公式6.4至6.9得到每个承灾体的状态改变量$\triangle S_{i\,t}^{2}$。
基于$t-1$时刻承灾体的状态,参照公式6.3分4种情况讨论承灾体自身
状态演化及其在外界应急响应作用下状态的改变量的$\triangle S_{i\,t}^{1}$,在此,应将
响应能力对承灾体状态的影响体现为三部分,即防护、修复和控制,其中
防护主要反映在对已受到过影响但目前状态基本完好承灾体的保护,可
以通过防护抵消t时刻来自其他承灾体的一部分不利影响,修复和控制
能力主要反映在对已受损但在可恢复范围内承灾体的抢修和控制其自身
状态的恶化,其中t_{i}'记录的是承灾体$\bar{e}_{i}$初次受损的时刻。综合$\triangle S_{i\,t}^{2}$和

$\triangle S_{i\,t}^1$ 即为 t 时刻承灾体 $\overline{e}_i$ 状态的改变量，与前一时刻状态之和超过 1，意味着彻底损毁，则最终状态取 1，若与前一时刻状态之和小于 0，则意味着在应急响应作用下已恢复正常状态，则最终状态取 0，此外，t 时刻承灾体 $\overline{e}_i$ 状态为上一状态与 t 时刻状态改变量之和。最终得到 t 时刻承灾体状态及 $\{S_{it} \mid i \in [1,n]\}$。具体流程如图 6-5 所示。

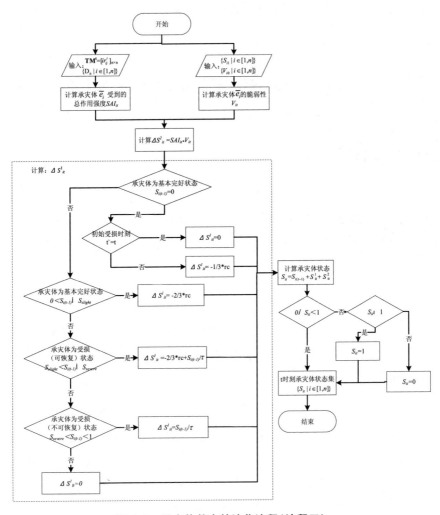

图 6-5　承灾体状态的演化流程（流程三）

当承灾体之间不再有新的影响拓扑关联产生且所有承灾体状态不再产生变化,则演化终止,此时的承灾体状态即为此复杂灾害情景中承灾体产生的最终灾害后果,累积记录各个时间步得到的所有承灾体灾害后果传播路径,则为最终的区域灾害蔓延网络。基于上述流程,进行1000次仿真模拟,取平均值以分析仿真结果及其背后的灾害蔓延动力学机理,为复杂灾害情景下的防灾减灾决策提供参考意见。

第二节　城市区域级联灾害情景设计——以地震为例

一、仿真区域描述

本节以区域承灾体关联网络模型构建实验场景中的 A 场景为基础,对区域基础信息进行赋值,基于本章第一节构建的灾害情景演化动力学模型和仿真流程设计,对复杂灾害情景下的耦合致灾过程进行仿真模拟,探究多灾种耦合致灾机理及综合减灾策略。

仿真选择模拟地震作为原生致灾因子的灾害情景及其演化。震级和烈度是从不同角度衡量一次地震大小和可能造成破坏的两把不同的"尺子",震级反映地震本身的大小,只与地震释放的能量多少有关,而烈度则反映的是地震的后果,一次地震只有一个震级,但在不同地区的烈度大小却不相同,一般而言,震中地区烈度最高,随着震中距加大,烈度逐渐减小。[①] 本仿真实验中以烈度来作为衡量作用于研究区域的致灾因子强度的指标。

假设研究区域 A 处于中国东部北纬35°—43°某地区,地震基本烈度为 VII。距离研究区域一定范围内发生地震,由于所设计区域尺度相对

---

① 参见赵国良:《震级与烈度》,《地理教育》2007年第2期。

较小,因此处于该地震影响范围的同一烈度区内。该区域土地利用情况与图5-6区域A、B和C的基本概貌图中区域A一致,人口、建筑以及经济作物等连续不均匀分布的承灾体按照其所分布于的土地利用类型进行离散化,其余承灾体的空间位置如图6-6所示。

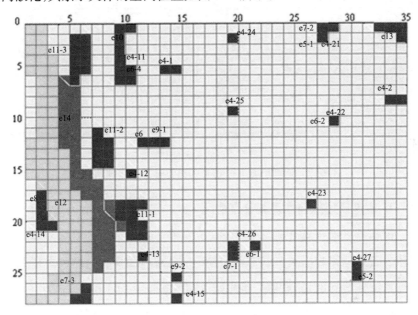

图6-6　仿真区域概况图

二、初始情景及相关参数设定

1. 区域人口分布情况

基于第四章关于区域人口在不同土地利用类型上的空间分布差异特征研究,对区域人口的空间分布情况进行设定。人口暴露性在区域内近似连续分布是一种较为合理的现实情况,由于目前本研究仅针对不同土地利用类型,研究了区域人口空间分布的特征,会出现相邻不同土地利用类型上人口暴露性迥异的情形,因此,本研究拟通过插值的办法增强人口分布在空间上的连续性。具体为,以图6-7所示日间和夜间人口分布结

195

果为基础数据,采用 matlab 中的二维插值函数 interp2,指定算法为 spline,最大限度上基于土地利用类型分布的人口数据获得区域 A 人口整体的暴露性状况,插值结果如图 6-7 所示。

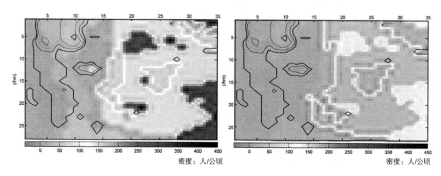

图 6-7　地震情境下区域 A 人口整体的暴露性状况

2. 建筑设施脆弱性及其分布情况

根据尹之潜等构建的震害矩阵,主要考虑建筑物受损状态对其他承灾体是否产生影响以及该状态的可恢复性两方面的因素,按照本研究第四章承灾体状态的划分准则,将原始 5 类状态合并为 3 种,具体为完好和轻微破坏合并为基本完好、中等破坏程度等同、严重破坏和毁坏合并为损毁。以此,作为设置初始情景中各类结构建筑物的受损情况确定的依据。该地区各结构建筑物的震害矩阵如表 6-1 所示。

基于第四章第三节部分对建筑功能与土地利用类型的对应关系的分析,参考已有对土地利用类型和建筑类型之间的统计研究①,并结合各类功能建筑的设计标准②,假设区域 A 各土地利用类型上的建筑比例

① Cf.Mulyani R.,Ahmadi R.& Pilakoutas K.et al.,"A Multi-hazard Risk Assessment of Buildings in Padang City," *Procedia Engineering*,2015,125,pp.1094-1100;MulyaniR.,"Extended Framework for Earthquake and Tsunami Risk Assessment:Padang City:A Case Study," University of Sheffield,2013.

② 参见中华人民共和国住房和城乡建设部:《建筑工程抗震设防分类标准 GB 50223-2008》。

如表6-2所示。

表6-1　区域A脆弱性分等级的建筑物震害矩阵

脆弱性等级（V_i）	状态（S_j） 烈度（I_m）	基本完好 （0~0.2）	中等破坏 （0.2~0.7）	严重破坏或损毁 （0.7~1）
A	Ⅵ	100.00	0	0
	Ⅶ	98.00	2	0
	Ⅷ	88.00	10.3	1.7
	Ⅸ	65.50	25.5	9
	Ⅹ	35.50	40.5	24
B	Ⅵ	94.20	4.62	1.18
	Ⅶ	88.95	7.56	3.49
	Ⅷ	76.61	14.40	8.99
	Ⅸ	57.06	22.22	20.72
	Ⅹ	27.10	25.53	47.37
C	Ⅵ	76.37	15.05	8.58
	Ⅶ	49.30	22.07	28.63
	Ⅷ	28.41	23.09	48.50
	Ⅸ	18.59	17.66	63.75
	Ⅹ	7.04	11.91	81.05
D	Ⅵ	59.00	22.50	18.5
	Ⅶ	35.00	20.00	45.00
	Ⅷ	19.00	16.50	64.50
	Ⅸ	11.00	14.00	75.00
	Ⅹ	1.50	7.50	91.00

依据表6-1和表6-2,估算某初始灾害情景下,各类用地上建筑物的
受损情况。式6.11表示在地震烈度I为I_m的区域,用地类型L为L_k的土

地上,受影响后状态 S 为 S_j 的建筑物所占的比例:

$$DRLS_{mkj} = \sum_{i=1}^{4} RLV_{ki} \times RSV_{imj} \tag{6.11}$$

依据式 6.11,分别计算在不同烈度等级下,各类土地利用类型上建筑物的初始受损状态及其比例,计算结果如图 6-8 所示。

区域建筑物在不同烈度下的受损总体情况如图 6-9 所示,整体趋势与第四章建筑脆弱性曲线研究基本一致,说明本节建筑受损情景的设置基本合理。其他离散分布承灾体,按照第四章第三节建筑环境的空间分布特征分析中建筑物的脆弱性等级评估标准,及建筑工程抗震设防分类标准(GB 50223-2008)分别赋予初始脆弱性值。

表 6-2　区域 A 中各土地利用类型上的不同脆弱性等级建筑物比例

编号	脆弱性等级(V_i) / 用地类型(L_k)	%A(V≤0.25)	%B(0.25<V≤0.5)	%C(0.5<V≤0.75)	%D(0.75<V≤1)	平均脆弱性
LA	公共管理与公共服务设施用地	20	70	10	0	0.35
LB	商业服务业设施用地	20	70	10	0	0.35
LR	居住用地	25	55	15	5	0.375
LM	工业用地	40	30	20	10	0.375
LS	道路交通设施用地	35	40	15	10	0.375
LU	公共设施用地	35	40	15	10	0.375
LW	物流仓储用地	40	30	20	10	0.375
LG	绿地与广场用地	5	85	5	5	0.4

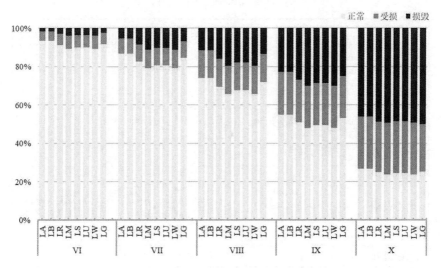

图6-8 基于土地利用类型的建筑物震害分布

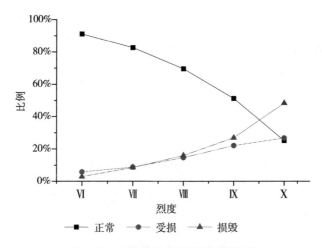

图6-9 区域建筑物总体脆弱性曲线

表6-3　区域A各承灾体初始参数描述

承灾体类型	承灾体标号	初始脆弱性	最大危险性
人	$e1-1, e1-2, e1-3,$ $e1-4, e1-5, e1-6,$ $e1-7, e1-8$	0.6	0
建筑	$e2-1, e2-2, e2-3,$ $e2-4, e2-5, e2-6,$ $e2-7, e2-8$	$[0.35, 0.35, 0.375,$ $0.375, 0.375, 0.375,$ $0.375, 0.4]$	1
经济作物	$e3-1, e3-2$	0.6	0
电力设施	$e4-1, e4-11, e4-12,$ $e4-13, e4-14, e4-15,$ $e4-2, e4-21, e4-22,$ $e4-23, e4-24, e4-25,$ $e4-26, e4-27$	$[0.3, 0.4, 0.4, 0.4,$ $0.4, 0.4, 0.3, 0.4,$ $0.4, 0.4, 0.4, 0.4,$ $0.4, 0.4]$	$[3,1,1,1,1,1,3,1,$ $1,1,1,1,1,1]$
通讯设施	$e5-1, e5-2$	$[0.3, 0.3]$	1
燃气设施	$e6, e6-1, e6-2, e6-3,$ $e6-4$	$[0.2, 0.4, 0.4, 0.4,$ $0.4]$	$[4,2,2,2,2]$
交通枢纽	$e7-1, e7-2, e7-3$	$[0.3, 0.3, 0.3]$	0
水利枢纽	$e8$	0.2	3
加气加油站	$e9-1, e9-2$	$[0.2, 0.3]$	4
化工厂	$e10$	0.3	10
仓库	$e11-1, e11-2, e11-3$	$[0.5, 0.4, 0.3]$	$[0,2,8]$
水库	$e12$	0.2	5
文化古迹	$e13$	0.5	0
山体	$e14$	0.2	5

注: $e1-1\sim e1-8$、$e2-1\sim e2-8$,分别对应土地利用类型为公共管理与公共服务用地、商业服务业设施用地、居住用地、工业用地、道路交通设施用地、公共设施用地、物流仓储用地及绿地与广场用地上人和建筑类型。

3. 区域A灾害情形模拟初始参数描述

如表6-3所示为仿真区域A中各类承灾体编号及对应的初始脆弱性和最大危险性设置。此外,式6.3中恶化系数 τ ,式6.4中承灾体危险性随状态变化的敏感程度 u ,以及式6.8中承灾体脆弱性随状态变化的敏感程度 δ 分别取5。

第三节 基于灾害情景演化的风险 分析及应对策略探讨

在上述区域基本信息和通过相关研究结果总结的经验知识的设定下,以应急响应能力(rc)及烈度等级(Ⅰ)为主要变量,考察不同应急响应能力水平下(0—0.5),区域灾害情景随地震烈度等级的增强(Ⅵ—Ⅹ)的演化过程,分以下几个主要维度,对仿真结果进行分析与讨论。

一、承灾体灾害后果演化趋势分析

本小节主要对不同初始情景下,区域关键基础设施的灾害后果及其演化进行对比分析。

关键基础设施是维持区域社会经济活动正常进行的工程设施,灾害情景下,在保障应急响应有序进行的过程中也发挥着重要作用。本部分从电力、燃气、通信及交通等系统中选择 8 个典型承灾体,在不同应急能力水平和初始地震烈度等级下,分析了其在灾害情景演化过程中的状态变化。

如图 6-10 所示,相同的地震烈度等级,各承灾体 $t1$ 时刻的状态相同,之后随应急响应能力的差异,体现出不同的状态变化趋势。当区域应急响应能力不足时,即使较低的地震烈度下,各类承灾体状态在未能及时修护并随时间逐渐恶化,又遭受到来自其他承灾体灾害后果的影响下,也可能演化为非常严重的灾害后果。虽然整体上应急响应能力水平越高承灾体的受损程度越低,不过即使初始受损状态、脆弱性等级皆相同,并且在相同的应急响应能力作用下,不同的承灾体的状态演化也并非完全一致,主要原因在于不同承灾体所处的孕灾环境不同,在灾害演化过程中受到了来自不同承灾体灾害后果转化为的次生致灾因子的影响。该方面的因素,将于下文进行重点探讨与分析。

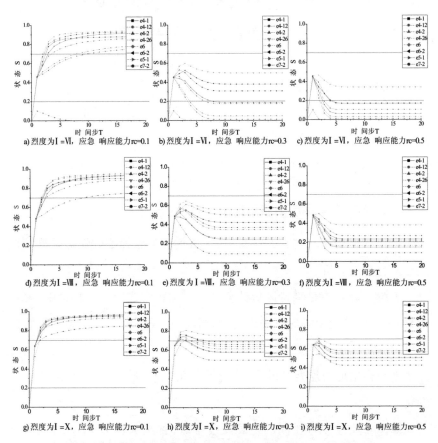

图6-10　不同烈度及应急响应能力下基础设施状态变化趋势

在关于地震烈度与相关灾害后果的相关研究中,对各烈度等级下建筑设施的受损状态描述如下:

◆I—V度:基本不会造成破坏;(因此本研究选择从Ⅵ开始进行仿真)

◆Ⅵ度:器皿倾倒,房屋设施轻微损坏;

◆Ⅶ—Ⅷ度:房屋设施破坏,地面裂缝;

◆Ⅸ—Ⅹ度:桥梁、水坝损坏、房屋设施倒塌,地面破坏严重。

通过对比发现,图 6-10 所示 rc 为 0.3 时,仿真实验得到的各类承灾体在不同地震烈度等级下所体现的最终灾害后果,基本与上述描述一致,说明本仿真实验中 rc 取 0.3 时代表了区域应急响应能力的一般水平,同时一定程度上说明了本仿真结果的准确性。

二、危险性变化趋势分析

本小节对不同初始情景下,区域的危险性释放总量及其中次生危险性所占比例的变化进行了探讨。

我们将区域中所有可能转化为致灾因子的承灾体的危险性之和,称为区域的整体蕴含危险性;将初始情景下释放的危险性之和称为基本危险性,将在情景演化过程中、终止情景之前释放的危险性总和称为次生危险性,二者之和则为总体释放危险性。基本危险性与区域应急响应能力无关,取决于原生致灾因子的强度及区域中所有可能转化为致灾因子的承灾体的暴露性和脆弱性;次生危险性的高低,与应急响应能力成反比,一定程度上在灾害情景演化的过程中是可控的,与可能转化为致灾因子的承灾体的脆弱性及承灾体之间关联的复杂性(即次生灾害形成的孕灾环境的复杂性)成正比,仿真结果与上述分析基本一致。进一步,在不同应急响应能力下,随地震烈度的增加,分别对总体释放危险性和其中次生危险性占比进行计算与分析,结果如图 6-11 所示。图中颜色维代表总体释放危险性的强弱,以总体释放危险性占整体蕴含危险性的比例表示;高度维代表其中次生危险性所占比例大小。

仿真结果表明,同一地震烈度下总体释放危险性和次生危险性占比均随应急能力的提升而降低,且其中地震烈度等级越弱次生危险性占比降低越显著,但整体上高于地震烈度较强的情形。相同应急响应能力条件下,总体释放危险性随地震烈度的增强而增大,应急响应能力越低,总

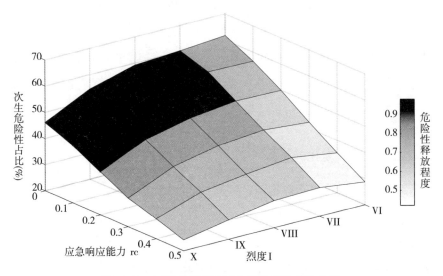

图6-11　不同情景下区域危险性释放变化趋势

体释放危险性越易达到最大释放量,其中次生危险性占比在应急响应水平较低的情形下,随地震烈度的增强而降低,当应急响应能力达到一定水平之后,次生危险性占比随地震烈度的增强先升高后降低,该现象说明在一定烈度范围内,次生危险性的增幅大于基本危险性的增幅,此时,应急响应能力的提升是控制次生事件造成的损失风险的关键。

三、区域的次生灾害风险区划

将1000次仿真实验中,所有可能转化为致灾因子的承灾体的总体释放危险性求均值,并在区域空间上进行累加,获得每个网格空间受影响的危险性总量,利用matlab中的contour函数,将等值线条数设为6,采用相同刻度colorbar,在仿真区域空间绘制风险等值线。本研究选取地震烈度为Ⅵ、Ⅷ和Ⅹ,应急响应能力为0、0.1、0.3和0.5,最终情景下的仿真计算结果进行对比分析。如图6-12所示。区域次生灾害风险的空间差异和地震烈度密切相关,而所遭遇次生灾害风险的大小则主要取决于应急

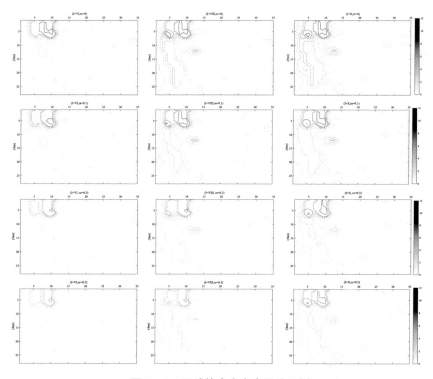

图6-12　区域的次生灾害风险区划

响应能力的强弱。

　　此外,若将区域次生灾害风险区划与人口空间分布进行叠置分析,进一步,可以得到区域人口对次生灾害风险的暴露性水平,如图6-13所示,可以为复杂灾害情景下的人口救援和转移安置方案制订提供参考。

四、灾害情景演化路径及“情景—应对”策略探讨

　　本小节主要以承灾体及其影响拓扑关联网络的形成过程为核心,探讨灾害情景演化路径及“情景—应对”策略。

　　将演化情景伊始记为t_1时刻,分析每个时间步可能转化为致灾因子的承灾体的灾害后果影响范围,进行承灾体之间的影响拓扑关系分析,判

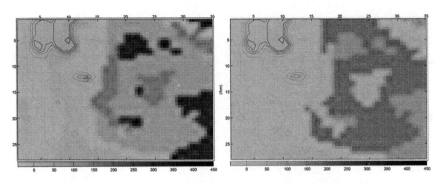

图6-13　$rc=0.3$，I=Ⅷ时的区域人口次生风险暴露性分布

断该时刻灾害后果沿承灾体之间影响拓扑关联传播的路径，到最终情景时，累积形成该灾害情景的演化的整体网络。在这里需要明确指出，本仿真实验中的时间步不代表时间的长短，仅代表承灾体之间相互影响的先后顺序。

首先，从网络结构的角度，对3种情形下形成的灾害情景演化整体网络进行分析。

假设该区域应急响应能力为0.3，以发生的地震烈度等级分别为Ⅵ、Ⅷ、Ⅹ的初始灾害情景为例，对所得到的仿真结果进行对比分析。灾害情景演化整体网络中，节点选择为除连续不均匀分布的人和房屋建筑之外的36个节点。如图6-14所示，图(a~c)中，网络节点为演化过程中产生影响拓扑关联的承灾体，网络的边代表承灾体之间的有向传播路径，边权为1000次独立仿真实验中，灾害情景演化各个时间步任意两个承灾体之间形成的传播路径的均值的最大值，表示该传播路径形成的最大可能性。当地震烈度等级为Ⅵ时，灾害演化整体网络包含31个节点、50条边，说明在灾害演化过程中有31个承灾体之间发生了影响关系，共形成50条传播路径；当地震烈度等级为Ⅷ和Ⅹ时，灾害演化整体网络均包含33个节点、79条边，说明在灾害演化过程中有33个承灾体之间发生了影响关系，共形成79条传播路径。

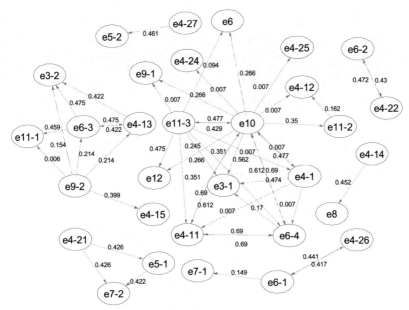

(a)*rc*=0.3, *I*=Ⅵ 时灾害情景演化整体网络（节点31，边50）

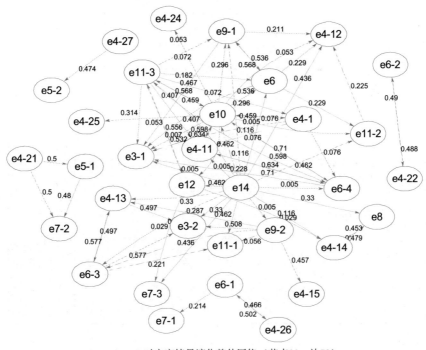

(b)*rc*=0.3, *I*=Ⅷ 时灾害情景演化整体网络（节点33，边79）

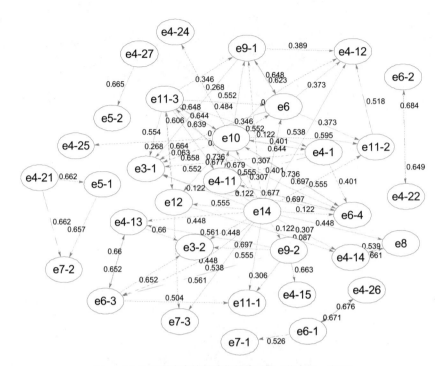

(c) rc=0.3, I=Ⅹ时灾害情景演化整体网络（节点33，边79）

图 6-14　灾害情景演化整体网络对比

表 6-4　灾害情景演化网络的网络结构指标

$rc = 0.3, I = $Ⅵ				$rc = 0.3, I = $Ⅷ				$rc = 0.3, I = $Ⅹ			
加权出度		介数中心性		加权出度		介数中心性		加权出度		介数中心性	
$e10$	3.91	$e10$	30.50	$e14$	4.41	$e10$	43.67	$e14$	6.62	$e10$	43.67
$e11-3$	1.96	$e6-3$	1.00	$e10$	4.06	$e12$	15.00	$e10$	6.47	$e12$	15.00
$e6-4$	1.55	$e6-1$	1.00	$e11-3$	2.48	$e11-3$	11.50	$e11-3$	4.25	$e11-3$	11.50
$e4-11$	1.38	$e6-4$	0.50	$e6-4$	1.65	$e4-14$	6.00	$e9-2$	2.79	$e4-14$	6.00
$e9-2$	1.29	/	/	$e9-2$	1.60	$e6$	2.67	$e6$	1.99	$e6$	2.67
$e6-3$	1.10			$e6$	1.53	$e9-2$	1.00	$e6-4$	1.92	$e9-2$	1.00

从图 6-14 中可以发现,承灾体 $e13$、$e4-23$ 和 $e4-2$ 均未出现在灾害演化整体网络中,通过观察图中其空间位置发现,这些承灾体周围孕灾环境简单,除原生致灾因子外基本不会受到其他承灾体灾害后果的影响。而与图 6-14(a)相比,图 6-14(b)(c)增加的节点为 $e14$ 和 $e7-3$,前者是因为本身脆弱性较低而危险性较高,在地震烈度等级较低时,基本处于完好的状态,不会出现在演化网络中,而随着地震烈度的增加,逐渐出现受损状态,危险性逐渐释放,与周围承灾体产生影响拓扑关联,并成为演化网络中的关键节点(最高的加权出度),这也是图 6-14(b)(c)网络中边增多的主要原因之一;后者主要是受到 $e14$ 和 $e12$ 的影响,参与到演化网络中。

对比图 6-14(b)与图 6-14(c)所形成灾害情景演化整体网络,节点和边基本相同,主要差别在于边权。因为不同等级地震烈度造成的初始情景下,承灾体的初始受损状态尤其是可能成为致灾因子的承灾体的初始受损状态越严重,其转化为致灾因子的概率越高,灾害传播路径形成的可能性越大。通过表 6.4 加权出度和介数中心度的对比可以发现,加权出度大的承灾体介数中心度不一定大,如 $e14$ 加权出度最高,介数中心度为 0,在灾害演化过程中其导致的灾害后果成为了影响其他承灾体的致灾因子,没有受到除原生致灾因子以外其他承灾体灾害后果的影响,在该情景中其灾害演化属性属于上文我们所总结的 C-Ⅰ类;$e10$ 加权出度仅次于 $e14$,并具有较高介数中心度,在灾害情景演化的过程中不仅受到其他承灾体灾害后果的影响,而且其灾害后果也成为了影响其他承灾体的致灾因子,在该情景中其灾害演化属性属于上文我们所总结的 C-Ⅱ类。

对于 C-Ⅰ类承灾体,其破坏都是原生致灾因子所造成的,对于如地震这类人类无法掌控的原生致灾因子,唯有在减灾备灾过程中降低承灾体自身的脆弱性,一旦遭受破坏危险性释放,情景演化过程中的应急响应措施的重点除尽力控制其状态恶化外,应该放在其灾害后果影响范围内的其他承灾体上,尽力切断传播路径或者增强其他承灾体的防护措施,即减少该类承灾体的出度;对于 C-Ⅱ类,在演化网络中处于"桥梁"的作用,是造成灾害后果在空间范围上大面积蔓延的关键,典型地,一种是储存有危险物质的重大危险源;一种是网状的关键基础设施,情景演化过程中需要从双向进行控制,减少该节点的入度和出度,要求应急影响措施既要对该类承灾体实施必要的防护。同时对受损状态进行修复,防止进一步恶化,也要阻断其与已经释放的危险性影响范围内其他承灾体之间影响拓扑关联的形成。

其次,对同一地震烈度不同应急响应能力水平下,灾害情景演化网络的形成过程进行对比分析。

针对图 6-14(b)所示灾害情景($rc = 0.3, I = Ⅷ$),上下调整应急响应能力水平,并按照时间步对灾害情景演化网路的形成过程进行分解,通过分析网络的形成过程,辨识灾害情景演化过程中应急响应应该关注的重点对象及其变化,辅助应急决策和应急人员及物资的调配。图 6-15 中边代表该时间步灾害后果的传播路径,节点代表承灾体,节点颜色代表该时间步结束时的承灾体状态,由浅入深依次表示基本完好、中度受损、严重受损或损毁。

相同等级的地震烈度下,初始情景中各承灾体的受损状态是相同的,在不同的应急响应能力下,逐步演化出不同的灾害情景。将初始情景结束演化情景开始记为 t_1 时刻,在该时刻加入应急响应,之后形成 t_2 时刻的承灾体影响拓扑关联网络。在每组仿真进行的过程中,应急响应能力对于各类承灾体的投入是等同的,在应急人员、物资等有限的情况下,如此势必会出现对于重要程度低的承灾体应急能力过剩而重要程度高的承灾体应急能力不足的情况。而通过仿真模拟不同等级应急响应能力下承灾体状态及其形成的影响拓扑关联网络,并进行对比分析,则可有助于优化应急响应过程中人员和物资在灾害演化典型情景片段下的分配优先级。

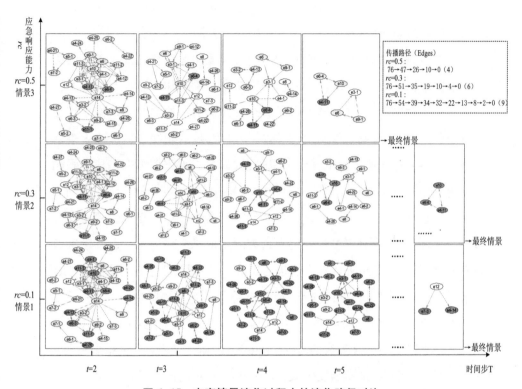

图6-15 灾害情景演化过程中的演化路径对比

如图6-15情景1—3中,在应急响应作用下,t_2时刻形成的灾害后果传播路径一致,但是情景1承灾体的灾害后果显著严重于情景2和情景3,说明rc为0.1时,已凸显出对承灾体$e10$、$e9-1$、$e11-3$、$e4-22$、$e4-14$、$e4-13$、$e6-3$、$e4-62$的灾害后果应对能力不足的现象,应在此基础上加强对这些承灾体的应急响应措施。情景2和情景3在t_3时间步差异逐渐体现,承灾体状态上情景2中度受损和严重受损承灾体超过情景3,对比找出状态具有差别的承灾体,在rc为0.3的基础上,应继续针对这些承灾体提升应对能力,尤其是其中出度或介数中心度较高的承灾体;灾害后果的传播路径上看,情景2多于情景3,对比找出多出的传播路径,对于切断这些传播路径的应急措施也需要加强。以此类推,在应急响应整体能力有限的情况下,尽量寻求降低灾害情景演化的复杂性和灾害损失的严重程度的应急响应措施,优化人员和物资的配置。

本章是全文研究的落脚点,以本书第三章内容中构建的区域级联灾害风险分析及研究框架为指导,基于第四章对承灾体区域分布特征及影响拓扑关联的分析方法、第五章区域承灾体影响拓扑关联网络模型构建方法的研究,从突发事件发生、发展的全过程,探究了综合考虑原生事件以及次生事件的多灾种耦合致灾机理,构建了以承灾体影响拓扑关联网络为基础的灾害蔓延动力学模型。参考多地区用地控制性详细规划图和历史典型地震灾害案例,设计实例区域进行仿真模拟。模拟流程主要分为3个环节:任意时刻可能转化为致灾因子的承灾体危险性及其影响范围判断;任意时刻承灾体灾害后果的扩散路径判断;任意时刻承灾体状态的计算。以应急响应能力(rc)及烈度等级(I)为主要变量,分别通过1000次独立仿真实验,考察了不同应急响应能力水平下(0—0.5),区域灾害情景随地震烈度等级的增强(Ⅵ—Ⅹ)的演化过程。研究结果表明:

第一,相同的地震烈度等级,在不同应急响应能力下,体现出不同的状态变化趋势。当区域应急响应能力不足时,即使较低的地震烈度下,各类承灾体状态未能及时修护并随时间逐渐恶化,又遭受到自其他承灾体灾害后果的影响时,也可能演化为非常严重的灾害后果。即使在同一地震烈度、应急响应能力情境下,相同脆弱性的承灾体状态演化趋势也并非完全一致,造成该现象的主要原因是承灾体所处孕灾环境的差异。

第二,相同地震烈度下总体释放危险性和次生危险性占比均随应急能力的提升而降低,且其中地震烈度等级越弱次生危险性占比降低越显著,但整体上高于地震烈度较强的情形。次生危险性占比在应急响应水平较低的情形下,随地震烈度的增强而降低,当应急响应能力达到一定水平之后,次生危险性占比随地震烈度的增强先升高后降低,该现象说明在一定烈度范围内,次生危险性的增幅大于基本危险性的增幅,此时,应急响应能力的提升是控制次生事件造成的损失风险的关键。

第三,在地震烈度较弱的初始条件下,随应急响应能力的提升,次生灾害发生范围基本不变,但是次生灾害强度呈明显的下降趋势;随着地震烈度等级的增强,次生灾害影响的空间范围明显扩大。相同烈度等级下,随着应急响应能力的提高,次生灾害发生的空间范围变化不大,高风险区域的空间覆盖范围显著缩小;相同应急响应能力水平下,随地震烈度的增强,高风险区域呈现成片连接的趋势,这种情况下来自多方面危险性的复合影响会增多,使人员伤亡和财产损失情形更为复杂和严重。

第四,相同的应急响应能力水平不同地震烈度情况下,所形成的灾害情景演化整体网络的结果分析表明,需要重点控制网络加权出度和介数中心性较高的承灾体节点,这些承灾体的状态对于灾害后果在空间和时间上的扩散和蔓延发挥至关重要的作用;将灾害情景演化整体网络按照时间步进行分析,对比分析相同地震烈度等级不同应急响应能力下,网络的形成过程,可以辨识灾害情景演化过程中应急响应应该关注的重点对象及其变化,在应急响应整体能力有限的情况下,有助于优化应急响应过程中人员和物资在灾害演化典型情景片段下的分配优先级。

结论与展望

一、结论

随着社会复杂度的不断提高,各类重大突发事件频发,呈现出明显的次生、衍生特征,使灾害情景日益复杂。由于各类事件可能发生在任何区域,且不同区域灾害系统要素构成存在差异,导致即使是相同事件,灾害情景也不尽相同,真正实现重大突发事件的"情景—应对"面临诸多困难。因此,如何针对受灾区域特点构建灾害情景模型,并实现对情景演化规律的推理,对于评估区域损失风险、制定防灾减灾策略、推进应急管理由事后被动应对向事前主动风险管理转变,具有十分重要的意义。鉴于此,本研究以构建能够反映区域特点的灾害情景为基本出发点,结合灾害系统论、公共安全三角形理论、突发事件连锁反应机理、灾害蔓延动力学、空间关系推理、复杂网络等理论与方法,以承灾体为核心,研究了级联灾害中灾害损失的形成机理、受灾区域的抽象建模、区域级联灾害情景构建与推演、基于断链减灾的级联灾害风险控制策略等问题。论文的主要工作及结论如下:

第一,研究了承灾体的空间分布特征。承灾体作为构成区域的基本要素,灾情的直接体现者,情景—应对的直接对象,是造成区域灾害情景及损失风险差异的主要原因。首先,基于对影响灾害损失风险水平的承灾体基本特征的分析,提出具有适应性的区域承灾体分层表示及融合方法;其次,以土地利用类型为纽带,研究了区域关键承灾体的空间分布特征:针对建筑环境,从结构的角度,构建了建筑物脆弱性评价指标体系,从功能的角度,分析了建筑与土地利用类型的对应关系;针对人口,基于人类活动的时空规律,构建了"人口—行业—土地"的对应关系,建立区域人口暴露性的分析模型,并以大连市为例进行了说明。区域承灾体空间分布特征的识别,是事前制定有针对性的防灾减灾规划、事中应急响应调度及事后恢复重建工作的有力保障。

第二,研究灾害情景演化路径的形成条件,分析承灾体之间的影响拓扑关联。首先,基于突发事件连锁反应机理,对承灾体的灾害演化属性的概念进行了阐释,从风险控制的角度,将应急决策面临的承灾体状态分为3类:正常、受损(可恢复)和损毁(不可恢复),定义了4种承灾体状态的演化模式,并提出了承灾体状态演化路径的确定方法。其次,定义了一种影响拓扑关联来刻画区域承灾体之间的关联关系,基于承灾体影响范围的"卵—黄"模型表示方法及 RCC-5 理论,总结了灾害连锁反应情境下,承灾体之间的影响拓扑关系组合类型。通过典型案例的分析,说明了承灾体"卵—黄"模型及承灾体之间的影响拓扑关联分析方法在研究突发事件连锁反应过程中的实用性。

第三,研究了能够反映区域特征、适用于灾害情景演化推理及风险识别的区域模型构建方法。首先,基于灾害情景的态势表示方法,从系统论的角度,明确区域模型的构成要素:承灾体及承灾体之间的关联关系。其次,基于突发事件与承灾体之间的映射关系,构造事件—承灾体二分网络,并基于承灾体状态演化模式构建判定系数矩阵,将事件—承灾体二分网转化为承灾体单分网络;结合区域特征将各类承灾体具体化,形成区域承灾体之间的潜在影响关系全网络;基于"最大危险性原则",从全网络中筛选和提炼承灾体之间的影响拓扑关系,最终形成能够反映受灾区域特征的网络模型以描述区域灾害情景。最后,设计某区域实例,对本研究所提出的受灾区域建模方法进行了应用说明,通过该方法可以实现区域间相对损失风险的分析及区域内部需要重点关注和控制的高风险承灾体的识别。

第四,构建了面向多灾种综合情景风险分析的区域灾害情景演化的动力学模型。通过辨析各类承灾体灾害后果的形成途径,划分区域灾害损失形成的阶段,界定区域灾害情景及其演化过程;基于经典的灾害风险评估思想,分析了致灾因子危险性、承灾体脆弱性、应急响应能力等因素与承灾体状态改变导致灾害后果产生之间的因果关联;在区域承灾体影响拓扑关联网络的基础上,借鉴普适的灾害蔓延动力学模型,分析承灾体状态演化动力学过程,构建灾害情景演化模型。最后,设计区域算例,以地震事件为例,以地震烈度和区域应急响应能力为自变量,进行了多组仿真模拟,分别从承灾体状态变化趋势、区域危险性释放情况、区域次生危险性区划以及灾害后果的演化路径等多个角度对各组仿真结果进行了对比分析,以风险控制及灾害损失最小化为原则,提出相应的情景—应对策略。

二、展望

本研究的研究工作是在目前各类重大突发事件频发,且灾害的关联性、衍生性、复合性和非常规性日益突出的大背景下,构建级联灾害情景及其演化模型,辅助多灾种综合风险管理及"情景—应对"的一项尝试,这是一项非常有意义的工作。由于时间和精力的限制,本研究依然存在诸多不足,存在诸多有待进一步深入和拓展的研究内容和研究方向。在此,对下一步工作进行展望:

第一,在工业化、城镇化、国际化、信息化加速推进的现代,各种风险相互交织,突发事件的关联性、衍生性、复合性和非常规性不断增强,跨类别、跨区域趋势日益明显,越来越容易形成系统性风险,影响形式更为严峻。系统性风险的形成及传播机理有待进一步深入研究。本书在情景构建风险分析的过程中,虽然考虑了原生及其可能引发的次生事件,但也只局限于自然灾害诱发事故灾难(Natech)事件、事故灾难之间潜在诱发关系的分析,对社会影响、经济影响等进行了忽略;并且不同事故灾难后果模型的应用方面,为方便仿真计算,采用同一灾害后果扩散的形式进行了简化。

第二,承灾体类型多样、结构复杂,空间分布特征存在很大不同,本书引入"土地利用类型"这一中间变量,实现宏观数据向空间数据的转化,但较真正实现较为精准的承灾体空间分布和灾害损失风险空间分布估计还存在一定差距,这不仅依赖于打破行业壁垒与数据孤岛来加强合作,还需要国家和各政府部门完善灾害数据库及区域基础信息数据库建设。而且,此项工作目前已经得到重视,2016年中国地震局发布的"大中城市地震灾害情景构建"重点专项指南中,已将其作为关键研究内容之一。

第三,"情景—应对"被认为是重大突发事件以及非常规突发事件应急决策的基本范式,重点是把握承灾体随时间演变而达到的态势,包括承灾体状态和承灾体状态演化的趋势。本书在级联灾害情景演化仿真中分别模拟了在相同初始致灾因子不同应急响应能力水平下,承灾体状态及承灾体灾害后果的传播路径的形成过程,并通过承灾体状态和承灾体灾害后果的传播路径之间的对比,对级联灾害情景应对过程中的影响相应对象的关注度、人员和物资分配的优先级进行了探讨。我们认为,在此基础上,还可以加入应急响应能力的反馈回路,在整体应急响应水平有限的情况下,在级联情景演化的过程中动态优化对于不同承灾体的应急投入,最大限度控制或降低损失风险。

参考文献

英文文献

1. "Snowball project", http://snowball-fp7. eu/.

2. Adger W.N., "Vulnerability," *Global Environmental Change*, 2006, 16 (3), pp.268-281.

3. Ahern J., "From fail-safe to safe-to-fail: Sustainability and resilience in the new urban world," *Landscape and Urban Planning*, 2011, 100(4), pp. 341-343.

4. Alexander D., "A magnitude scale for cascading disasters," *International Journal of Disaster Risk Reduction*, 2018, 30, pp.180-185.

5. Allan P.& Bryant M., "Resilience as a framework for urbanism and recovery," *Journal of Landscape Architecture*, 2011, 6(2), pp.34-45.

6. Alwang J, Siegel P B, Jorgensen S L., "Vulnerability: a view from different disciplines". *Social Protection Discussion Paper Series*, 2001.

7. Balcan D., Colizza V.& Goncalves B.et al., "Multiscale mobility networks and the spatial spreading of infectious diseases," *Proceedings of the National Academy of Sciences of the United States of America*, 2009, 106(51), pp. 21484-21489.

8. Bhaduri B. , Bright E.& Coleman P.et al. , "LandScan USA: a high-resolution geospatial and temporal modeling approach for population distribution and dynamics," *GeoJournal*,2007,69(1-2),pp.103-117.

9. Birkmann J. , "Risk and vulnerability indicators at different scales: Applicability, usefulness and policy implications," *Environmental Hazards*,2007, 7(1),pp.20-31.

10. Birkmann J. , Cardona O.D.& Carreño M.L.et al. , "Framing vulnerability, risk and societal responses: the MOVE framework," *Natural Hazards*, 2013,67(2),pp.193-211.

11. Blaikie P, Cannon T, Davis I, et al. , *At Risk: Natural Hazards, People's Vulnerability and Disasters*,London: Routledge,1994.

12. Blanchard, B.Wayne, "Guide to emergency management and related terms, definitions, concepts, acronyms, organizations, programs, guidance, executive orders & legislation: A tutorial on emergency management, broadly defined, past and present." United States.Federal Emergency Management Agency,2008.

13. Blondel V.D. , Guillaume J.& Lambiotte R.et al. , "Fast unfolding of communities in large networks," *Journal of Statistical Mechanics: Theory and Experiment*,2008,2008(10),p.10008.

14. Burton I. , Kates R.W. , White G.F. , "The Environment as Hazrad", 1993.

15. Buzna L. , Peters K.& Ammoser H.et al. , "Efficient response to cascading disaster spreading," *Physical Review E Statistical Nonlinear & Soft Matter Physics*,2007,75(2),p.56107.

16. Buzna L. , Peters K. & Helbing D. , "Modelling the dynamics of disaster spreading in networks," *Physica A: Statistical Mechanics and its Appli-*

cations,2006,363(1),pp.132-140.

17. Cao H.,Li T.& Li S.et al.,"An integrated emergency response model for toxic gas release accidents based on cellular automata,"*Annals of Operations Research*,2016.

18. Caroleo B., Palumbo E.& Osella M. et al., "A Knowledge-Based Multi-Criteria Decision Support System Encompassing Cascading Effects for Disaster Management,"*International Journal of Information Technology & Decision Making*,2018,17(05),pp.1469-1498.

19. Cohn A.G.& Gotts N.M.,"The 'egg-yolk' representation of regions with indeterminate boundaries,"*Geographic Objects with Indeterminate Boundaries*,1996,2,pp.171-187.

20. Cozzani V., Antonioni G. & Landucci G. et al., "Quantitative assessment of domino and NaTech scenarios in complex industrial areas," *Journal of Loss Prevention in the Process Industries*,2014,28,pp.10-22.

21. Cruz A.M.& Okada N.,"Methodology for preliminary assessment of Natech risk in urban areas,"*Natural Hazards*,2008,46(2),pp.199-220.

22. Cutter S.L.& Finch C.,"Temporal and spatial changes in social vulnerability to natural hazards,"*Proc Natl Acad Sci U S A*,2008,105(7),pp. 2301-2306.

23. Cutter S.L.,Barnes L.& Berry M.et al.,"A place-based model for understanding community resilience to natural disasters,"*Global Environmental Change*,2008,18(4),pp.598-606.

24. Fekete A.,Damm M.& Birkmann J.,"Scales as a challenge for vulnerability assessment,"*Natural Hazards*,2010,55(3),pp.729-747.

25. FEMA, *Technical Manuals and User's Manuals*, Washington, D. C.,2010.

26. Fuchs S., Heiss K.& Hübl J., "Towards an empirical vulnerability function for use in debris flow risk assessment," *Natural Hazards and Earth System Sciences*,2007,5(7),pp.495-506.

27. Gao J.,Buldyrev S.V.& Stanley H.E.et al., "Networks formed from interdependent networks," *Nature Physics*,2012,8(1),pp.40-48.

28. Gasparini P.& Garcia-Aristizabal A., "Seismic risk assessment,cascading effects," *Encyclopedia of Earthquake Engineering*, *SpringerReference*, 2014,pp.1-20.

29. Gill J.C.& Malamud B.D., "Hazard interactions and interaction networks(cascades)within multi-hazardmethodologies," *Earth System Dynamics*, 2016,7(3),pp.659-679.

30. Gunderson, L. H., Holling, C. S., eds., *Panarchy*: *Understanding Transformations in Human and natural Systems*. Island Press, Washington DC,2002.

31. Helbing D,Ammoser H,Christian K.:*Disasters as Extreme Events and the Importance of Network Interactions for Disaster Response Management*. Springer Berlin Heidelberg.

32. Buldyrev S.V.,Parshani R.& Paul G.et al., "Catastrophic cascade of failures in interdependent networks," *Nature*, 2010, 464 (7291), pp. 1025-1028.

33. Helbing D., "Globally networked risks and how to respond,"Nature, 2013,497(7447),pp.51-59.

34. Holling C.S., "Resilience and stability of ecological systems," *Annual Review of Ecology and Systematics*,1973,4(1),pp.1-23.

35. Korkali M.,Veneman J.G.& Tivnan B.F.et al., "Reducing cascading failure risk by increasing infrastructure network interdependence," *Scientific*

Reports, 2017, 7(1), pp.1-13.

36. Liu F., Mao X. & Zhang Y. et al., "Risk analysis of snow disaster in the pastoral areas of the Qinghai-Tibet Plateau," *Journal of Geographical Sciences*, 2014, 24(3), pp.411-426.

37. Liu Y., Chen Z. & Wang J. et al., "Large-scale natural disaster risk scenario analysis: a case study of Wenzhou City, China," *Natural Hazards*, 2012, 60(3), pp.1287-1298.

38. Marzocchi W., Garcia-Aristizabal A. & Gasparini P. et al., "Basic principles of multi-risk assessment: a case study in Italy," *Natural Hazards*, 2012, 62(2), pp.551-573.

39. May F., "Cascading disaster models in Postburn flash flood", *The Fire Environment—innovations, Management, and Policy; Conference Proceedings*, 2007, pp.443-464.

40. Mileti D., Dennis S., *Disasters by Design: A Reassessment of Natural Hazards in the United States*, Joseph Henry Press, 1999.

41. Moeckel R., Schürmann C. & Wegener M., "Microsimulation of urban land use," *42nd European Congress of the Regional Science Association*, Dortmund, 2002.

42. Mulyani R., "Extended framework for earthquake and tsunami risk assessment: Padang City: a case study," *University of Sheffield*, 2013.

43. Nascimento K.R.D.S. & Alencar M.H., "Management of risks in natural disasters: A systematic review of the literature on NATECH events," *Journal of Loss Prevention in the Process Industries*, 2016, 44, pp.347-359.

44. Ouyang M., "Review on modeling and simulation of interdependent critical infrastructure systems," *Reliability Engineering & System Safety*, 2014, 121, pp.43-60.

45. Ouyang M., Xu M.& Zhang C. et al., "Mitigating electric power system vulnerability to worst-case spatially localized attacks," *Reliability Engineering & System Safety*, 2017, 165, pp.144-154.

46. Pederson P., Dudenhoeffer D.& Hartley S.et al., "Critical infrastructure interdependency modeling: a survey of US and international research," *Idaho National Laboratory*, 2006, pp.1-20.

47. Pelling M.: *Visions of Risk: A Review of International Indicators of Disaster Risk and Its Management*, University of London.King's College, 2004.

48. Pescaroli G.& Alexander D., "A definition of cascading disasters and cascading effects: Going beyond the 'toppling dominos' metaphor," *Planet@ risk*, 2015, 3(1), pp.58-67.

49. Peters K., "Modelling of cascading effects and efficient response to disaster spreading in complex networks," *International Journal of Critical Infrastructures*, 2008, 4(4), pp.46-62.

50. Qie Z.& Rong L., "An integrated relative risk assessment model for urban disaster loss in view of disaster system theory," *Natural Hazards*, 2017, 1(88), pp.165-190.

51. Ranghieri F., Ishiwatari M., "Risk Assessment and Hazard Mapping". *World Bank Group*, 2017.

52. Schneiderbauer S, Ehrlich D., "Risk, hazard and people's vulnerability to natural hazards: A Review of Definitions, Concepts and Data", *European Commission Joint Research Centre*.EUR, 2004, p.40.

53. Seventh Framework Programme, "Modelling crisis management for improved action and preparedness", *European Commission*, 2016, https://cordis.europa.eu/project/id/284552/reporting.

54. Sundstrom S.M.& Allen C.R., "The adaptive cycle: More than a met-

aphor," *Ecological Complexity*, 2019, 39, p.100767.

55. Thywissen K., "Components of risk: a comparative glossary", UNU-EHS, 2006.

56. Tinti S, Tonini R, Bressan L, et al. "Handbook of tsunami hazard and damage scenarios", *JRC Scientific and Technical Reports*, 2011, pp.1–41.

57. Turner B.N., Kasperson R.E. & Matson P.A.et al., "A framework for vulnerability analysis in sustainability science," *Proc Natl Acad Sci U S A*, 2003, 100(14), pp.8074–8079.

58. Wang J., "Landscape Pattern Scale Effect——Taking Shangri-La County as an Example," *Open Journal of Soil and Water Conservation*, 2014, 02(02), pp.13–28.

59. Wegener M., "New spatial planning models," *International Journal of Applied Earth Observation and Geoinformation*, 2001, 3(3), pp.224–237.

60. Wei J., Zhao D.& Liang L., "Estimating the growth models of news stories on disasters," *Journal of the Association for Information Science & Technology*, 2009, 60(9), pp.1741–1755.

61. Weichselgartner J., "Disaster mitigation: the concept of vulnerability revisited," *Disaster Prevention and Management*, 2001, 10(2), pp.85–94.

62. Yodmani S., "Disaster Risk Management and Vulnerability Reduction: Protecting the Poor". ADP Center, 2001.

63. Zuccaro G., De Gregorio D.& Leone M.F., "Theoretical model for cascading effects analyses," *International Journal of Disaster Risk Reduction*, 2018, 30, pp.199–215.

中文文献

1.《中共中央关于制定国民经济和社会发展第十四个五年规划和二

〇三五年远景目标的建议》,人民出版社 2020 年版。

2.《国务院办公厅关于印发国家综合防灾减灾规划(2016—2020 年)的通知》(国办发〔2016〕第 104 号),中国政府网 2017 年 1 月 13 日,http://www.gov.cn/zhengce/content/2017-01/13/content_5159459. htm。

3.《国务院办公厅关于印发国家综合防灾减灾规划(2016—2020 年)的通知》(国办发〔2016〕第 104 号),中国政府网 2017 年 1 月 13 日,http://www.gov.cn/zhengce/content/2017-01/13/content_5159459. htm。

4.《安庆市北部新城地区规划提升暨单元规划公示公告》,安庆市政府网站,http://www.aqghj.gov.cn /plus/view.php? aid=6572。

5.《从协调组织到政府部门 中国应急管理制度之变》,中华人民共和国应急管理部网站 2019 年 9 月 23 日,https://www. mem. gov. cn/xw/mtxx/201909/t20190923_336910. shtml。

6.《国家安全监管总局国家煤矿安监局关于贵州广西两起重大煤矿水害事故的通报》,中华人民共和国应急管理部网站 2011 年 7 月 8 日,https://www.mem.gov.cn/gk/gwgg/201107/t20110708_240486. shtml。

7.《国务院办公厅关于印发国家突发事件应急体系建设"十三五"规划的通知》(国办发〔2017〕2 号),中国政府网 2017 年 7 月 19 日,http://www.gov.cn/zhengce/content/2017-07/19/content_5211752. htm。

8.《国务院办公厅关于印发国家综合防灾减灾规划(2016—2020 年)的通知》(国办发〔2016〕104 号),中国政府网 2017 年 1 月 13 日,http://www.gov.cn/zhengce/content/2017-01/13/content_5159459. htm。

9.《坚持总体国家安全观 走中国特色国家安全道路》,人民网 2021 年 2 月 24 日, http://opinion. people. com. cn/n1/2018/0426/c1003 - 29952393. html。

10.《科技部关于印发〈"十三五"公共安全科技创新专项规划〉的通知》(国科发社 2017 年第 102 号),科技网站 2017 年 9 月 7 日,http://

www. most. gov. cn/xxgk/xinxifenlei/fdzdgknr/fgzc/gfxwj/gfxwj2017/201709/t20170907_134798. html。

11.《历史上十一月发生的危险化学品事故》,中华人民共和国应急管理部网站 2019 年 10 月 29 日,https://www. mem. gov. cn/fw/jsxx/201910/t20191029_339730. shtml。

12.《民政部:云南景谷 5. 8 级、5. 9 级地震致近 1. 4 万人受灾》,云南地震局网站 2014 年 12 月 7 日,http://www. yndzj. gov. cn/yndzj/300518/391296/391313/399636/index.html。

13.《青岛中石化输油管道爆炸三周年》,财新网,http://special. caixin.com/event_1122/index.html? lwjsbcoakldnhojs。

14.《山东省青岛市"11·22"中石化东黄输油管道泄漏爆炸特别重大事故调查报告》,国家安全生产监督总局网站 2014 年 1 月 10 日,http://www. chinasafety. gov. cn/newpage/Contents/Channel_21140/ 2014/ 0110/229141 /content_229141. htm。

15.《深圳暴雨突发洪水已致 10 人死亡 1 人失联》,人民网网站 2019 年 4 月 13 日,http://society. people. com. cn/n1/2019/0413/c1008 - 31027953. html。

16.《深圳市 LG102 - 07&T3、LG102 - 06/08、102 - 02&04&05、102 - 01&03&T1&T2 号片区[坂田北地区]法定图则》,深圳国土资源和房产管理局 2015 年 9 月 2 日,http://gis. szpl. gov. cn/xxgk/csgh/fdtz/lg/201509/ t20150902_109040. htm。

17.《沈阳市新五爱泵站"6·19"电气设备淹溺停运较大事故调查报告》,沈阳市应急管理局 2017 年 10 月 11 日,http://yjj. shenyang. gov. cn/html/YJGLJ/155304363988669/155304363988669/160931316803186/6398866919332271.html。

18.《特别重大自然灾害损失统计制度》解读(二)——报表与指标设

计》,《中国减灾》2014 年第 21 期。

19.《重大危险源分级标准》,国家安全生产监督总局网站 2007 年 6 月 12 日,http://www.chinasafety.gov.cn /2007 - 06/12/ content_245285. html。

20. 安基文、徐敬海、聂高众等:《高精度承灾体数据支撑的地震灾情快速评估》,《地震地质》2015 年第 4 期。

21. 毕军、杨洁、李其亮:《区域环境风险分析和管理》,中国环境科学出版社 2006 年版。

22. 陈玉梅、李康晨:《国外公共管理视角下韧性城市研究进展与实践探析》,《中国行政管理》2017 年第 1 期。

23. 杜鹃、汪明、史培军:《基于历史事件的暴雨洪涝灾害损失概率风险评估——以湖南省为例》,《应用基础与工程科学学报》2014 年第 5 期。

24. 杜旭升:《6·15 九江大桥船撞事故引发的思考》,《中国海事》2007 年第 9 期。

25. 范维澄、刘奕:《城市公共安全体系架构分析》,《城市管理与科技》2009 年第 5 期。

26. 高小平、刘一弘:《应急管理部成立:背景、特点与导向》,《行政法学研究》2018 年第 5 期。

27. 郭君、赵思健、黄崇福:《自然灾害概率风险的系统误差及校正研究》,《系统工程理论与实践》2017 年第 2 期。

28. 郭庆胜:《地理空间推理》,科学出版社 2006 年版。

29. 郭增建、秦保燕:《灾害物理学简论》,《灾害学》1987 年第 2 期。

30. 哈斯、张继权、佟斯琴等:《灾害链研究进展与展望》,《灾害学》2016 年第 2 期。

31. 贺法法、陈晓丽、张雅杰等:《GIS 辅助的内涝灾害风险评价——以豹澥社区为例》,《测绘地理信息》2015 年第 2 期。

32. 黄崇福、刘安林、王野：《灾害风险基本定义的探讨》，《自然灾害学报》2010 年第 6 期。

33. 江田汉：《我国应急管理经过哪些发展阶段》，《中国应急管理报》2018 年 7 月 11 日。

34. 姜卉、黄钧：《罕见重大突发事件应急实时决策中的情景演变》，《华中科技大学学报（社会科学版）》2009 年第 1 期。

35. 李连刚、张平宇、谭俊涛等：《韧性概念演变与区域经济韧性研究进展》，《人文地理》2019 年第 2 期。

36. 李彤玥：《韧性城市研究新进展》，《国际城市规划》2017 年第 5 期。

37. 李勇建、乔晓娇、孙晓晨等：《基于系统动力学的突发事件演化模型》，《系统工程学报》2015 年第 3 期。

38. 刘樑、许欢、李仕明：《非常规突发事件应急管理中的情景及情景—应对理论综述研究》，《电子科技大学学报（社会科学版）》2013 年第 6 期。

39. 刘铁民：《重大突发事件情景规划与构建研究》，《中国应急管理》2012 年第 4 期。

40. 刘耀龙、牛冲槐、王军等：《论灾害风险研究中的空间尺度效应》，《资源环境与发展》2012 年第 4 期。

41. 刘一弘：《70 年三大步：中国应急管理制度的综合化创新历程》，《中国社会科学报》2019 年 9 月 25 日。

42. 刘奕、刘艺、张辉：《非常规突发事件应急管理关键科学问题与跨学科集成方法研究》，《中国应急管理》2014 年第 1 期。

43. 刘志敏：《社会生态视角的城市韧性研究》，东北师范大学博士学位论文，2019 年。

44. 刘智勇、陈苹、刘文杰：《新中国成立以来我国灾害应急管理的发展及其成效》,《党政研究》2019 年第 3 期。

45. 马宗伟、高越、毕军:《Natech 风险研究:现状、理论及展望》,《中国环境管理》2020 年第 2 期。

46. 潘耀中、史培军:《区域自然灾害系统基本单元研究—I:理论部分》,《自然灾害学报》1997 年第 4 期。

47. 普华永道:《机遇之城 2020 专题研究:提高重大突发事件管理能力,增强中国城市发展韧性》,普华永道官网 2020 年 3 月,https://www.pwccn.com/zh/services/consulting/publications/resilient-city.html。

48. 亓菁晶、陈安:《突发事件与应急管理的机理体系》,《中国科学院院刊》2009 年第 5 期。

49. 郄子君、荣莉莉、颜克胜:《基于新闻报道的突发事件灾害后果及其应对的时空分析——以汶川 8.0 级地震为例》,《灾害学》2015 年第 4 期。

50. 荣莉莉、蔡莹莹、王铎:《基于共现分析的我国突发事件关联研究》,《系统工程》2011 年第 6 期。

51. 荣莉莉、谭华:《基于孕灾环境的突发事件连锁反应模型》,《系统工程》2012 年第 7 期。

52. 荣莉莉、张继永:《突发事件的不同演化模式研究》,《自然灾害学报》2012 年第 3 期。

53. 荣莉莉、张荣:《基于离散 Hopfield 神经网络的突发事件连锁反应路径推演模型》,《大连理工大学学报》2013 年第 4 期。

54. 沙锡东、姜虹、李丽霞:《关于危险化学品重大危险源分级的研究》,《中国安全生产科学技术》2011 年第 3 期。

55. 闪淳昌:《总体国家安全观引领下的应急体系建设》,《行政管理改革》2018 年第 3 期。

56. 闪淳昌:《加强应急预案体系建设 提高应对突发事件和风险的

能力》,《现代职业安全》2007 年第 7 期。

57. 邵亦文、徐江:《城市韧性:基于国际文献综述的概念解析》,《国际城市规划》2015 年第 2 期。

58. 史培军、吕丽莉、汪明等:《灾害系统:灾害群、灾害链、灾害遭遇》,《自然灾害学报》2014 年第 6 期。

59. 史培军:《三论灾害研究的理论与实践》,《自然灾害学报》2002 年第 3 期。

60. 史培军:《五论灾害系统研究的理论与实践》,《自然灾害学报》2009 年第 5 期。

61. 史培军:《再论灾害研究的理论与实践》,《自然灾害学报》1996 年第 4 期。

62. 谭华:《突发事件灾害后果时空矩阵构建研究》,大连理工大学硕士学位论文,2012 年。

63. 陶鹏、童星:《灾害概念的再认识——兼论灾害社会科学研究流派及整合趋势》,《浙江大学学报(人文社会科学版)》2012 年第 2 期。

64. 童星:《中国应急管理的演化历程与当前趋势》,《公共管理与政策评论》2018 年第 6 期。

65. 王宏伟:《从历史回望中把握组建应急管理部的意义》,《中国安全生产》2018 年第 4 期。

66. 王宏伟:《中国特色应急管理体制的构建与应急管理部的未来发展》,《中国安全生产》2018 年第 6 期。

67. 王军、李梦雅、吴绍洪:《多灾种综合风险评估与防范的理论认知:风险防范"五维"范式》,《地球科学进展》2021 年第 6 期。

68. 王宁、刘海园:《基于知识元的突发事件情景演化混合推理模型》,《情报学报》2016 年第 11 期。

69. 王曦、周洪建:《特别重大自然灾害损失统计内容的国际比较

（三）——基于国外知名 HAZUS-MH、EMA-DLA、ECLAC 系统的分析》，《中国减灾》2018 年第 15 期。

70. 王曦、周洪建：《特别重大自然灾害损失统计内容的国际比较（一）——基于 DaLA 系统的分析》，《中国减灾》2018 年第 3 期。

71. 魏玖长：《危机事件社会影响的分析与评估研究》，中国科学技术大学博士学位论文，2006 年。

72. 温泉沛、霍治国、周月华等：《南方洪涝灾害综合风险评估》，《生态学杂志》2015 年第 10 期。

73. 吴波鸿、张振宇、倪慧荟：《中国应急管理体系 70 年建设及展望》，《科技导报》2019 年第 16 期。

74. 吴广谋、赵伟川、江亿平：《城市重特大事故情景再现与态势推演决策模型研究》，《东南大学学报（哲学社会科学版）》2011 年第 1 期。

75. 谢翠娜：《上海沿海地区台风风暴潮灾害情景模拟及风险评估》，华东师范大学硕士学位论文，2010 年。

76. 徐一剑：《我国沿海城市应对气候变化的发展战略》，《气候变化研究进展》2020 年第 1 期。

77. 薛澜、钟开斌：《突发公共事件分类、分级与分期：应急体制的管理基础》，《中国行政管理》2005 年第 2 期。

78. 薛澜：《中国应急管理系统的演变》，《行政管理改革》2010 年第 8 期。

79. 杨保华、方志耕、刘思峰等：《基于 GERTS 网络的非常规突发事件情景推演共力耦合模型》，《系统工程理论与实践》2012 年第 5 期。

80. 杨海霞、王晓青、窦爱霞等：《基于 RS 和 GIS 的建筑物空间分布格网化方法研究》，《地震》2015 年第 3 期。

81. 杨伟、李彤：《非常规灾害事件情景演化的概率性生长模式——基于台风莫拉克的探索性案例研究》，《电子科技大学学报（社会科学版)》2013 年第 5 期。

82. 尹卫霞、王静爱、余瀚等:《基于灾害系统理论的地震灾害链研究——中国汶川"5·12"地震和日本福岛"3·11"地震灾害链对比》,《防灾科技学院学报》2012 年第 2 期。

83. 尹之潜、杨淑文:《地震损失分析与设防标准》,地震出版社 2004 年版。

84. 余瀚、王静爱、柴玫等:《灾害链灾情累积放大研究方法进展》,《地理科学进展》2014 年第 11 期。

85. 袁宏永:《提高治理水平 加强风险防控 建设韧性城市》,《中国应急管理报》2020 年 11 月 26 日。

86. 袁晓芳、田水承、王莉:《基于 PSR 与贝叶斯网络的非常规突发事件情景分析》,《中国安全科学学报》2011 年第 1 期。

87. 岳培宇:《长江流域城市居民休闲方式及影响因素研究》,华东师范大学硕士学位论文,2006 年。

88. 岳珍、赖茂生:《国外"情景分析"方法的进展》,《情报杂志》2006 年第 7 期。

89. 张海波:《新时代国家应急管理体制机制的创新发展》,《人民论坛·学术前沿》2019 年第 5 期。

90. 张惠、景思梦:《认识级联灾害:解释框架与弹性构建》,《风险灾害危机研究》2019 年第 2 期。

91. 张惠、张韦:《灾害背景下社区弹性的研究现状与展望——以 SSCI 数据库为样本》,《风险灾害危机研究》2018 年第 1 期。

92. 张继永:《基于孕灾环境的突发事件连锁反应模型研究》,大连理工大学硕士学位论文,2010 年。

93. 张明红、佘廉:《基于情景的突发事件演化模型研究——以青岛"11.22"事故为例》,《情报杂志》2016 年第 5 期。

94. 张岩:《非常规突发事件态势演化和调控机制研究》,中国科学技术大学博士学位论文,2011 年。

95. 张振国、温家洪:《基于情景模拟的城市社区暴雨内涝灾害危险性评价》,《中国人口资源与环境》2014 年第 S2 期。

96. 赵国良:《震级与烈度》,《地理教育》2007 年第 2 期。

97. 赵思健:《自然灾害风险分析的时空尺度初探》,《灾害学》2012 年第 2 期。

98. 中华人民共和国住房和城乡建设部:《建筑工程抗震设防分类标准 GB 50223-2008》。

99. 钟江荣、张令心、赵振东等:《基于 GIS 的城市地震建筑物次生火灾蔓延模型》,《自然灾害学报》2011 年第 4 期。

100. 钟开斌:《中国应急管理机构的演进与发展:基于协调视角的观察》,《公共管理与政策评论》2018 年第 6 期。

101. 仲秋雁、郭艳敏、王宁等:《基于知识元的非常规突发事件情景模型研究》,《情报科学》2012 年第 1 期。

102. 周洪建、王丹丹、袁艺等:《中国特别重大自然灾害损失统计的最新进展——〈特别重大自然灾害损失统计制度〉解析》,《地球科学进展》2015 年第 5 期。

103. 周洪建、王曦:《特别重大自然灾害损失统计内容的国际比较研究(二)——基于国外知名 PDNA 系统的分析》,《中国减灾》2018 年第 11 期。

104. 周瑶、王静爱:《自然灾害脆弱性曲线研究进展》,《地球科学进展》2012 年第 4 期。

105. 朱伟、王晶晶、杨玲:《城市重要基础设施灾害情景构建方法与应急能力评价研究》,《管理评论》2016 年第 8 期。

106. 朱晓寒、李向阳、王诗莹:《自然灾害链情景态势组合推演方法》,《管理评论》2016 年第 8 期。

附录一　图目录

附录二　表目录

附录三　主要符号表

符号	代表意义
h	致灾因子
$\bar{e}/e$	承灾体
rc	应急响应能力
S	承灾体状态
ds	承灾体灾害后果影响半径
L	土地利用类型
U	人口类型
E	承灾体灾害后果影响范围(卵)
Y	承灾体空间位置坐标集(卵黄)
W	承灾体灾害后果扩散范围坐标集(卵白)
V	脆弱性
τ	恶化系数
D	危险性
$CurrD$	当前危险性
δ	承灾体脆弱性随状态变化的敏感程度
μ	承灾体危险性随状态变化的敏感程度
I	致灾因子强度(地震烈度)
DC	判定系数矩阵
dc	判定系数
IR	承灾体关联矩阵
ir	关联系数

后　记

研究生期间,在导师荣莉莉教授的引导下,我开始接触突发事件应急管理领域的相关研究。当时参与的第一个研究课题是,国家自然科学基金"非常规突发事件应急管理研究"重大研究计划培育项目"适应灾害时空后果的预案体系有效性及其评估研究"。2013 年 11 月有幸跟随导师赴长沙参加重大研究计划 2013 年度项目检查交流会,聆听了重大研究计划指导专家组、国务院应急办以及各课题负责人的项目汇报。前辈们的研究走在中国应急管理研究理论与实践的前沿,令我受益匪浅,不仅拓展了视野开阔了思路,更坚定了在突发事件应急管理领域探索的信念。

在综合应急预案模型及预案体系有效性研究的过程中,我们发现有效的预案体系一定是建立在能够适应区域特征的灾害风险评估基础之上的。然而,区域灾害系统差异性特征显著、复杂程度高,灾害后果呈现多样性、关联性、衍生性、复合性、动态性和高度不确定性,甚至形成系统性灾害风险,加剧应急准备、响应与决策的难度。如何从系统性灾害风险防范的应急决策需求出发,刻画区域灾害系统及系统中灾害风险的特征,逐渐成我研究的重点方向和兴趣,并成为我博士论文的选题。

近些年来,从国家综合防灾减灾规划、突发事件应急体系建设、公共安全科技创新专项规划等国家"十三五"建设期间颁布的系列文件中,也使我充分意识到复杂灾害风险防范的重要性和难点之所在。其间,我也关注到欧盟部分项目对于级联灾害（Cascading Disaster）研究的相关探索。于是工作之后，在博士期间研究基础之上，把方向聚焦在了城市级联灾害风险评估和防范，试图以区域灾害系统抽象建模为基础，基于级联灾害情景的构建和推演，旨在探寻具有区域适应性的级联灾害风险评估方法及防控策略。并以此申请了国家自然科学基金青年项目和教育部社会科学基金青年项目，围绕级联灾害进行更层次的探索，而本书稿就是当前研究的阶段性成果之一。

本书的顺利完成离不开诸位师长、前辈和学界同仁的帮助与支持。在研究过程中，与荣莉莉教授的多次交流和讨论，令我受益匪浅，使研究脉络日臻系统化；山东大学马永驰教授、中国海洋大学李燕教授、大连理工大学孙岩副教授在著作撰写方面给予了诸多指导和帮助；大连理工大学人文与社会科学学部的李鹏教授、蔡小慎教授、王丽丽教授、刘毅教授、王欢明教授等前辈和同事在生活和工作中给予了大量的关怀和支持；人民出版社编辑郭彦辰博士为本书的顺利出版付出了诸多努力。值此之际，奉上衷心谢意！

郗子君 2021 年 11 月于大连

责任编辑:郭彦辰

封面设计:胡欣欣

图书在版编目(CIP)数据

区域级联灾害风险分析与防范/郐子君 著. —北京:人民出版社,2022.6

ISBN 978－7－01－024599－7

Ⅰ.①区… Ⅱ.①郐… Ⅲ.①灾害管理-风险管理-研究-中国

Ⅳ.①X4

中国版本图书馆 CIP 数据核字(2022)第 035071 号

区域级联灾害风险分析与防范

QUYU JILIAN ZAIHAI FENGXIAN FENXI YU FANGFAN

郐子君 著

人民出版社 出版发行

(100706 北京市东城区隆福寺街 99 号)

北京中科印刷有限公司印刷 新华书店经销

2022 年 6 月第 1 版 2022 年 6 月北京第 1 次印刷

开本:710 毫米×1000 毫米 1/16 印张:16

字数:206 千字

ISBN 978－7－01－024599－7 定价:78.00 元

邮购地址 100706 北京市东城区隆福寺街 99 号

人民东方图书销售中心 电话 (010)65250042 65289539